图灵程序
设计丛书

图解机器学习

[日] 杉山将 著

许永伟 译

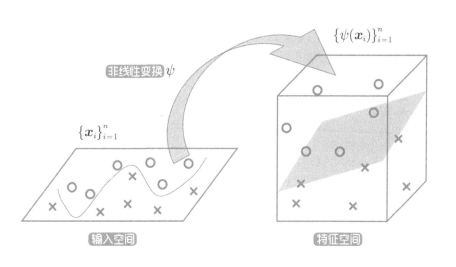

人民邮电出版社

北京

图书在版编目（CIP）数据

图解机器学习 / （日）杉山将著；许永伟译. —— 北京：人民邮电出版社，2015.4（2023.4重印）
（图灵程序设计丛书）
ISBN 978-7-115-38802-5

Ⅰ．①图… Ⅱ．①杉… ②许… Ⅲ．①机器学习—图解 Ⅳ．①TP181-64

中国版本图书馆CIP数据核字（2015）第052954号

内 容 提 要

　　本书用丰富的图示，从最小二乘法出发，对基于最小二乘法实现的各种机器学习算法进行了详细的介绍。第Ⅰ部分介绍了机器学习领域的概况；第Ⅱ部分和第Ⅲ部分分别介绍了各种有监督的回归算法和分类算法；第Ⅳ部分介绍了各种无监督学习算法；第Ⅴ部分介绍了机器学习领域中的新兴算法。书中大部分算法都有相应的MATLAB程序源代码，可以用来进行简单的测试。

　　本书适合所有对机器学习有兴趣的初学者阅读。

◆ 著　　　　[日]杉山将
　　译　　　　许永伟
　　责任编辑　乐　馨
　　执行编辑　杜晓静
　　责任印制　杨林杰
◆ 人民邮电出版社出版发行　　北京市丰台区成寿寺路11号
　　邮编 100164　电子邮件 315@ptpress.com.cn
　　网址 http://www.ptpress.com.cn
　　固安县铭成印刷有限公司印刷
◆ 开本：880×1230　1/32
　　印张：7.5　　　　　　　　　2015年4月第1版
　　字数：209千字　　　　　　 2023年4月河北第39次印刷
　　著作权合同登记号　图字：01-2014-3345号

定价：59.80元
读者服务热线：(010)84084456-6009　印装质量热线：(010)81055316
反盗版热线：(010)81055315
广告经营许可证：京东市监广登字20170147号

版 权 声 明

IRASUTO DE MANABU KIKAI GAKUSYUU

SAISYOUNIJYOUHOU NI YORU SHIKIBETSU MODERU GAKUSYUU O TYUUSHIN NI

© Masashi Sugiyama 2013

All rights reserved.

Original Japanese edition published by KODANSHA LTD.

Publication rights for Simplified Chinese character edition arranged with KODANSHA LTD. through

KODANSHA BEIJING CULTURE LTD. Beijing, China.

本书由日本讲谈社授权人民邮电出版社发行简体字中文版，版权所有，未经书面同意，不得以任何方式做全面或局部翻印、仿制或转载。

译者序

机器学习领域是深不可测的吗？人工智能是天方夜谭吗？时至今日，机器学习研究的重要性与可行性已得到广泛承认，并在模式识别、通信、控制、金融、机器人、生物信息学等许多领域都有着广泛的应用。

如何自动归类筛选邮件和网页？如何向大家推荐你可能感兴趣的人？如何预测整体市场行情的好坏？如何从统计学的角度对照片进行归类？本书就介绍了这样一些算法。

如果想得到最通俗、简洁的讲解，本书最为合适。

如果想立即知道算法的性能，并期望有可运行的源代码，本书最为方便。

很多人都是看着日本的动画长大的。殊不知，大部分日本人都具有熟练的绘画能力。他们总可以把复杂、枯燥的事物用惟妙惟肖的漫画生动地表达出来。广告、网页、海报，甚至政府公告都图文并茂。市面上也有不计其数的"图解……""图说……"一类的书籍。本书就是其中一例，这也是本书的最大特点。

杉山将博士今年赴任东京大学教授，他在机器学习领域颇有建树。他的研究室吸引了来自世界各地的机器学习研究者。本书承袭了日本特有的绘画特色，依靠作者丰富的机器学习经验，用最精简的文字，将原本复杂抽象的数学原理，用形象的漫画与数据图形进行了清晰的说明。作者也将最前沿和最核心的研究成果汇集到了本书之中。

本书的侧重点不在于机器学习原理的相关推导，而在于结论的分析和应用。读者朋友可以更快地掌握各种算法的特点和使用方法，提纲挈领地消化应用，而不必拘泥于算法的细节不能自拔。另外，本书旁征博引，图文并茂，结构清晰，范例实用丰富，深入浅出地说明了机器学习中最典型和用途最广泛的算法。

本书内容覆盖面广，不但与市面上众多的机器学习书籍并无重复，更可与其互为补充。大部分算法都有简洁、现成的MATLAB源代码，读者朋友可以轻松地进行验证。以此为原型，再稍加修改扩充，即可做出为自己所用的项目代码。

机器学习领域日新月异，书中所涉及的概念和术语数目繁多，且有许多概念和术语目前尚无公认的中文译法。如果有不合读者朋友习惯的术语出现，请参考译者注，确认其原始词意。

本译稿得到了图灵公司编辑的悉心指导，她们为保证本书的质量做了大量的补译、校正及编辑工作，在此表示深深的谢意。

许永伟

2014年12月于东京

序

　　本书是关于机器学习的入门图书。说到"机器",可能很多人都会想到机械表或车床等大型机器设备,但是机器学习里的"机器"指的是计算机。机器学习,是指让计算机具有人那样的学习、思考能力的技术的总称。近年来,随着计算机软硬件技术的发展,机器学习领域也得到了巨大的进步。本书就是介绍这一蓬勃发展中的机器学习算法的一本书。

　　在机器学习领域,借助高级的数学方法,各种新型算法层出不穷。因此对于初涉这一领域的研究人员、技术工作者和学生来说,要理解这些最前沿的技术往往有很多困难。然而大部分这些最新的机器学习算法,都是在最经典的算法——最小二乘法的基础上发展起来的。本书就是立足于这样的视点,对基于最小二乘法实现的各种机器学习算法做简单的介绍,并给出许多具体的实例。因此,只要理解了最小二乘法的基本原理,即可掌握能够处理中等数据规模的大多数高级算法。

　　本书由以下几部分构成。

　　第 I 部分介绍了本书所涉及的机器学习领域的概况。首先在第1章,对监督学习、无监督学习和强化学习等基本概念进行了说明;第2章介绍了机器学习里需要使用到的各种各样的模型。

　　第 II 部分介绍了与连续函数的近似问题相对应的各种回归算法。具体来说,首先在第3章引入了回归算法的基础,即最小二乘学习法;第4章介绍了能够避免过拟合问题的条件约束的最小二乘学习法。第5章介绍了通过把大部分参数置为0来大幅提高学习效率、计算精度的稀疏算法。第6章介绍了不易受到异常值影响的鲁棒学习法。

　　第 III 部分介绍了各种分类算法。第7章介绍了回归问题中直接使用最小二乘学习法进行分类的算法。第8章引入了基于间隔最大化原理的支持向量机分类器的算法，并且明确了支持向量机分类器和最小二乘学习法之间的关系，还介绍了把支持向量机分类器向鲁棒学习扩展的方法。第9章引入了把多个性能稍弱的分类器组合在一起来生成高性能的分类器的集成学习法，介绍了 Bagging 和 Boosting 算法。第10章介绍了把各个模式以概率进行分类的 Logistic 回归的分类算法，以及最小二乘学习版的最小二乘概率分类器。第11章介绍了能够处理字符串那样的序列数据的模式分类的条件随机场。

第Ⅳ部分介绍了各种无监督学习算法。第12章介绍了除去数据中的异常值的方法。第13章介绍了把高维数据降到低维后进行学习的降维算法。第14章介绍了把数据集合化的聚类算法。

第Ⅴ部分介绍了机器学习领域中的新兴算法。第15章介绍了把训练样本逐次输入的逐次学习算法。第16章介绍了在输入输出成对出现的训练样本集的基础上，灵活应用只有输入的训练样本集的半监督学习算法。第17章介绍了有监督的降维算法。第18章介绍了灵活应用其他学习任务的信息，来提高当前学习任务的学习精度的迁移学习法。第19章介绍了在多个学习任务之间实现信息共享，然后同时进行求解的高性能的多任务学习算法。

在第Ⅵ部分的第20章，主要论述了机器学习领域今后的发展。

如图1所示，第Ⅱ部分、第Ⅲ部分和第Ⅳ部分是相对独立的章节。但是第Ⅱ部分的第5章和第6章，以及第Ⅲ部分的第8章、第9章和第11章，包含稍有难度的数学内容，初学者在最开始的时候可以跳过这些内容。

对于书中的大部分算法，本书同时提供了能够进行简单的数值计算的 MATLAB 程序源代码。各个程序都浓缩在一页的范围内，读者朋友可以轻松录入[①]，以对书中的各种学习算法进行简单的测试。另外，在各个程序行首添加如下代码：

```
rand('state', 0); randn('state', 0);
```

即可完全再现本书中介绍的所有实例的计算结果。

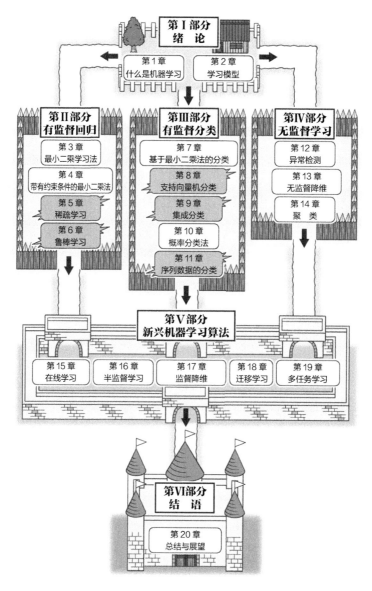

第 I 部分 绪 论

第1章 什么是机器学习
第2章 学习模型

第 II 部分 有监督回归

第3章 最小二乘学习法
第4章 带有约束条件的最小二乘法
第5章 稀疏学习
第6章 鲁棒学习

第 III 部分 有监督分类

第7章 基于最小二乘法的分类
第8章 支持向量机分类
第9章 集成分类
第10章 概率分类法
第11章 序列数据的分类

第 IV 部分 无监督学习

第12章 异常检测
第13章 无监督降维
第14章 聚类

第 V 部分 新兴机器学习算法

第15章 在线学习
第16章 半监督学习
第17章 监督降维
第18章 迁移学习
第19章 多任务学习

第 VI 部分 结 语

第20章 总结与展望

图1 本书的构成

---

① 没时间录入的读者，可至图灵社区 www.ituring.com.cn/book/1371 的 "随书下载" 中下载。

——编者注

最后，在本书执笔过程中，名古屋大学的金森敬文副教授、名古屋工业大学的竹内一郎副教授、NTT Communications科学技术研究所的山田诚博士、东京大学的鹿岛久嗣副教授、东京大学的武田朗子副教授、东京工业大学的山根一航先生、讲谈社的横山真吾先生、绘制插图的Horiguchi Hiroshi先生，给予了笔者巨大的支持和鼓励，在此一并表示真诚的感谢。

杉山将

2013年6月

目　录

第III部分   有监督分类

第IV部分　无监督学习

第V部分　新兴机器学习算法

第VI部分 结 语

第 I 部分 绪 论

Chapter 1 什么是机器学习

近些年来，得益于互联网的普及，我们可以非常轻松地获取大量文本、音乐、图片、视频等各种各样的数据。机器学习，就是让计算机具有像人一样的学习能力的技术，是从堆积如山的数据（也称为大数据）中寻找出有用知识的数据挖掘技术。通过运用机器学习技术，从视频数据库中寻找出自己喜欢的视频资料，或者根据用户的购买记录向用户推荐其他相关产品等成为了现实（图 1.1）。本章将从宏观角度对什么是机器学习做相应的介绍，并对机器学习的基本概念进行说明。

1.1 学习的种类

计算机的学习，根据所处理的数据种类的不同，可以分为监督学习、无监督学习和强化学习等几种类型。

监督学习，是指有求知欲的学生从老师那里获取知识、信息，老师提供对错指示、告知最终答案的学习过程（图 1.2）。在机器学习里，学生对应于计算机，老师则对应于周围的环境。根据在学习过程中所获得的经验、技能，对没有学习过的问题也可以做出正确解答，使计

图1.1 机器学习

算机获得这种泛化能力，是监督学习的最终目标。监督学习，在手写文字识别、声音处理、图像处理、垃圾邮件分类与拦截、网页检索、基因诊断以及股票预测等各个方面，都有着广泛的应用。这一类机器学习的典型任务包括：预测数值型数据的回归、预测分类标签的分类、预测顺序的排序等。

无监督学习，是指在没有老师的情况下，学生自学的过程（图1.3）。在机器学习里，基本上都是计算机在互联网中自动收集信息，并从中获取有用信息。无监督学习不仅仅局限于解决像监督学习那样的有明确答案的问题，因此，它的学习目标可以不必十分明确。无监督学习在人造卫星故障诊断、视频分析、社交网站解析和声音信号解析等方面大显身

图1.2 监督学习

图1.3 无监督学习

手的同时，在数据可视化以及作为监督学习方法的前处理工具方面，也有广泛的应用。这一类机器学习的典型任务有聚类、异常检测等。

强化学习，与监督学习类似，也以使计算机获得对没有学习过的问题做出正确解答的泛化能力为目标，但是在学习过程中，不设置老师提示对错、告知最终答案的环节。然而，如果真的在学习过程中不能从周围环境中获得任何信息的话，强化学习就变成无监督学习了。强化学习，是指在没有老师提示的情况下，自己对预测的结果进行评估的方法。通过这样的自我评估，学生为了获得老师的最高嘉奖而不断地进行学习（图1.4）。婴幼儿往往会为了获得父母的表扬去做事情，因此，强化学习被认为是人类主要的学习模式之一。强化学习，在机器人的自动控制、计算机游戏中的人工智能、市场战略的最优化等方面均有广泛应用。在强化学习中经常会用到回归、分类、聚类和降维等各种各样的机器学习算法。

1.2 机器学习任务的例子

有关增强学习的详细解说，读者朋友可以参阅文献[5]。本节将对监督学习和无监督学习中典型的任务，例如回归、分类、异常检测、聚类和降维等做一一介绍。

图1.4 强化学习

回归，是指把实函数在样本点附近加以近似的有监督的函数近似问题[①]（图1.5）。这里，我们来考虑一下以d维实向量$\boldsymbol{x}$作为输入，实数值y作为输出的函数$y=f(\boldsymbol{x})$的学习问题。在监督学习里，这里的真实函数关系f是未知的，作为训练集的输入输出样本$\{(\boldsymbol{x}_i,y_i)\}_{i=1}^{n}$是已知的。但是，一般情况下，在输出样本$y_i$的真实值$f(\boldsymbol{x}_i)$中经常会观测到噪声。通过这样的设定，输入样本$\boldsymbol{x}_i$就是学生向老师请教的问题，输出样本$y_i$是老师对学生的解答，输出样本中包含的噪声则与老师的教学错误或学生的理解错误相对应。老师的知识（无论什么样的问题，都可以做出正确的解答）与真实的函数f相对应，使学生获得这个函数就是监督学习的最终目标。如果以$\widehat{f}$来表示学生通过学习而获得的函数，那么学生对没有学习过的问题也可以做出正确解答的泛化能力的大小，就可以通过比较函数f和$\widehat{f}$的相似性来进行分析。

分类，是指对于指定的模式进行识别的有监督的模式识别问题（图1.6）。在这里，以d维实向量$\boldsymbol{x}$作为输入样本，而所有的输入样本，可以被划分为c个类别的问题来进行说明。作为训练集的输入输出样本$\{(\boldsymbol{x}_i,y_i)\}_{i=1}^{n}$是已知的。但是，分类问题中的输出样本$y_i$，并不是具体的实数，而是分别代表类别$1,2,\cdots,c$。在这样的任务里，得到输出类别$1,2,\cdots,c$的函数$y=f(\boldsymbol{x})$的过程，就是机器学习的过程。因此，分类问题也可以像回归问题那样，被看作是函数近似问题。然而，在分

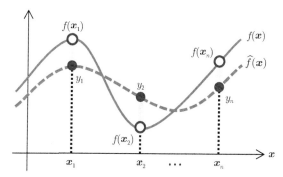

图1.5 | 回归

---

① 回归是对一个或多个自变量和因变量之间的关系进行建模、求解的一种统计方法。——译者注

类问题中，并不存在类别1比类别3更接近于类别2这样的说法。分类问题只是单纯地对样本应该属于哪一个类别进行预测，并根据预测准确与否来衡量泛化误差，这一点与回归是不同的。

异常检测，是指寻找输入样本 $\{x_i\}_{i=1}^n$ 中所包含的异常数据的问题。在已知正常数据与异常数据的例子的情况下，其与有监督的分类问题是相同的。但是，一般情况下，在异常检测任务中，对于什么样的数据是异常的，什么样的数据是正常的，在事先是未知的。在这样的无监督的异常检测问题中，一般采用密度估计的方法，把靠近密度中心的数据作为正常的数据，把偏离密度中心的数据作为异常的数据(图1.7)。

聚类，与分类问题相同，也是模式识别问题，但是属于无监督学习的一种(图1.8)。即只给出输入样本 $\{x_i\}_{i=1}^n$，然后判断各个样本分别属于 $1, 2, \cdots, c$ 中的哪个簇[①]。隶属于相同簇的样本之间具有相似的性

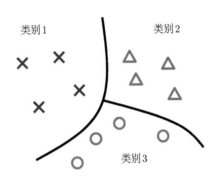

图1.6　分类

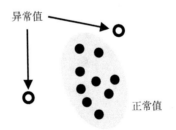

图1.7　异常检测

----

① 聚类问题中经常以"簇"代替"类别"。——译者注

质，不同簇的样本之间具有不同的性质。在聚类问题中，如何准确地计算样本之间的相似度是很重要的课题。

降维，是指从高维度数据中提取关键信息，将其转换为易于计算的低维度问题进而求解的方法（图 1.9）。具体来说，当输入样本 $\{x_i\}_{i=1}^n$ 的维数 d 非常大的时候，可以把样本转换为较低维度的样本 $\{z_i\}_{i=1}^n$。线性降维的情况下，可以使用横向量 T 将其变换为 $z_i = Tx_i$。降维，根据数据种类的不同，可以分为监督学习和无监督学习两种。作为训练集的输入输出样本 $\{(x_i, y_i)\}_{i=1}^n$ 是已知的时候，属于监督学习，可以把样本转换为较低维度的样本 $\{z_i\}_{i=1}^n$，从而获得较高的泛化能力。与之相对，如果只有输入样本 $\{x_i\}_{i=1}^n$ 是已知的话，就属于无监督学习，在转换为较低维度的样本 $\{z_i\}_{i=1}^n$ 之后，应该保持原始输入样本 $\{x_i\}_{i=1}^n$ 的数据分布性质，以及数据间的近邻关系不发生变化。

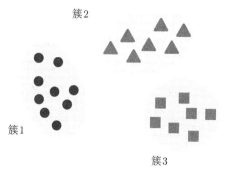

图1.8 聚类分析

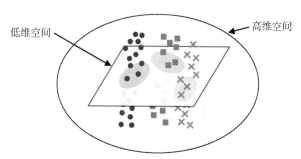

图1.9 降维

1.3 机器学习的方法

机器学习有多种不同的流派。本节中，以对模式 $\boldsymbol{x}$ 的类别 y 进行预测的分类问题为例，对机器学习中的主要流派，即产生式分类和判别式分类，以及频率派和贝叶斯派的基本方法加以介绍。

1.3.1 生成的分类和识别的分类

在已知模式 $\boldsymbol{x}$ 的时候，如果能求得使分类类别 y 的条件概率 $p(y|\boldsymbol{x})$ 达到最大值的类别 $\hat{y}$ 的话，就可以进行模式识别了。

$$\hat{y} = \underset{y}{\mathrm{argmax}}\, p(y|\boldsymbol{x})$$

在这里，"argmax" 是取得最大值时的参数的意思。所以，$\max_y p(y|\boldsymbol{x})$ 是指当 y 取特定值时 $p(y|\boldsymbol{x})$ 的最大值，而 $\mathrm{argmax}_y\, p(y|\boldsymbol{x})$ 是指当 $p(y|\boldsymbol{x})$ 取最大值时对应的 y 的值(图 1.10)。在模式识别里，条件概率 $p(y|\boldsymbol{x})$ 通常也称为后验概率。上面的 $\hat{y}$ 即 y hat。在基于统计分析的机器学习中，预测结果一般以字母加符号 ^ 来表示，本书也采用这样的方法。应用训练集直接对后验概率 $p(y|\boldsymbol{x})$ 进行学习的过程，称为判别式分类。

另外，还可以把后验概率 $p(y|\boldsymbol{x})$ 表示为 y 的函数。

$$p(y|\boldsymbol{x}) = \frac{p(\boldsymbol{x}, y)}{p(\boldsymbol{x})} \propto p(\boldsymbol{x}, y)$$

通过上式，我们可以发现模式 $\boldsymbol{x}$ 和类别 y 的联合概率 $p(\boldsymbol{x}, y)$ 与后验概率 $p(y|\boldsymbol{x})$ 是成比例的。正因为有这样的关系，我们可以通过使联合概率 $p(\boldsymbol{x}, y)$ 达到最大值的方法，来得到使后验概率 $p(y|\boldsymbol{x})$ 达到最大值的类别 $\hat{y}$。

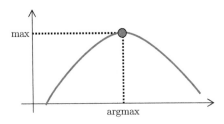

图 1.10   max 和 argmax

$$\hat{y} = \underset{y}{\text{argmax}}\, p(\boldsymbol{x}, y)$$

在模式识别里，联合概率 $p(\boldsymbol{x}, y)$ 也称为数据生成概率，通过预测数据生成概率 $p(\boldsymbol{x}, y)$ 来进行模式识别的分类方法，称为生成的分类[11]。

支持向量机分类器的发明者、著名的数学家弗拉基米尔·万普尼克①在其著作[15]中提到：

> 在实际问题中，信息往往是有限的。在解决一个感兴趣的问题时，不要把解决一个更一般的问题作为一个中间步骤。要试图得到所需要的答案，而不是更一般的答案。很可能你拥有足够的信息来很好地解决一个感兴趣的特定问题，但却没有足够的信息来解决一个一般性的问题。

为什么这么说呢？这是因为，即使手头的信息量不足以解决一般性问题，但对于解决特定问题，很可能是足够的。如果数据生成概率 $p(\boldsymbol{x}, y)$ 是已知的，

$$p(y|\boldsymbol{x}) = \frac{p(\boldsymbol{x}, y)}{p(\boldsymbol{x})} = \frac{p(\boldsymbol{x}, y)}{\sum_y p(\boldsymbol{x}, y)}$$

那么，从上式就可以推出后验概率 $p(y|\boldsymbol{x})$。然而，如果后验概率 $p(y|\boldsymbol{x})$ 是已知的，却不能由此推导出数据生成概率 $p(\boldsymbol{x}, y)$（图1.11）。因此，比起计算后验概率 $p(y|\boldsymbol{x})$，可以说数据生成概率 $p(\boldsymbol{x}, y)$ 的计算是一般性（即求解更困难）的问题。进行模式识别时，只需计算出后验概率 $p(y|\boldsymbol{x})$ 就足够了。但在生成的分类中，则要计算数据生成概率 $p(\boldsymbol{x}, y)$ 这个一般性的问题。如果遵循上述的弗拉基米尔·万普尼克的原理，识别的分类就是比生成的分类更好的机器学习方法。

另一方面，在很多实际问题中，经常可以获得有关数据生成概率 $p(\boldsymbol{x}, y)$ 的一些先验知识。例如，在声音识别过程中，可以通过事先研究人类的喉咙构造或发声机理，获得很多有关数据生成概率 $p(\boldsymbol{x}, y)$ 的

---

① 全名Vladimir Naumovich Vapnik，美籍俄裔统计学家、数学家。——译者注

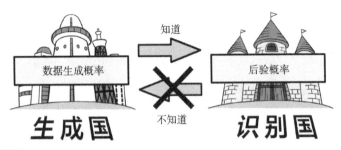

图1.11　万普尼克的理论

先验知识[4]。像这样，在可以事先获得数据生成概率 $p(\boldsymbol{x}, y)$ 的先验知识的情况下，生成的分类就是比识别的分类更好的机器学习方法，即与上段论述是正好相反的。

1.3.2　统计概率和朴素贝叶斯

本小节中，我们以包含参数 $\boldsymbol{\theta}$ 的模型 $q(\boldsymbol{x}, y; \boldsymbol{\theta})$ 为例，对计算数据生成概率 $p(\boldsymbol{x}, y)$ 的问题进行说明。

在统计概率的机器学习方法中，将模式 $\boldsymbol{\theta}$ 作为决定论的变量，使用手头的训练样本 $\mathcal{D} = \{(\boldsymbol{x}_i, y_i)\}_{i=1}^n$ 对模式 $\boldsymbol{\theta}$ 进行学习。例如，在最大似然估计算法中，一般对生成训练集 $\mathcal{D}$ 的最容易的方法所对应的模式 $\boldsymbol{\theta}$ 进行学习。

$$\max_{\boldsymbol{\theta}} \prod_{i=1}^{y} q(\boldsymbol{x}_i, y_i; \boldsymbol{\theta})$$

在统计概率方法中，如何由训练集 $\mathcal{D}$ 得到高精度的模式 $\boldsymbol{\theta}$ 是主要的研究课题。

与之相对，在朴素贝叶斯方法中，将模式 $\boldsymbol{\theta}$ 作为概率变量，对其先验概率 $p(\boldsymbol{\theta})$ 加以考虑，计算与训练集 $\mathcal{D}$ 相对应的后验概率 $p(\boldsymbol{\theta} | \mathcal{D})$。通过运用贝叶斯定理，就可以使用先验概率 $p(\boldsymbol{\theta})$ 来求解后验概率 $p(\boldsymbol{\theta} | \mathcal{D})$，如下所示：

$$p(\boldsymbol{\theta} | \mathcal{D}) = \frac{p(\mathcal{D} | \boldsymbol{\theta}) p(\boldsymbol{\theta})}{p(\mathcal{D})} = \frac{\prod_{i=1}^{n} q(\boldsymbol{x}_i, y_i | \boldsymbol{\theta}) p(\boldsymbol{\theta})}{\int \prod_{i=1}^{n} q(\boldsymbol{x}_i, y_i | \boldsymbol{\theta}) p(\boldsymbol{\theta}) \mathrm{d}\boldsymbol{\theta}}$$

如果先验概率 $p(\boldsymbol{\theta})$ 是已知的话，后验概率 $p(\boldsymbol{\theta}\,|\,\mathcal{D})$ 就可以按照上式进行非常精确的计算。因此，在朴素贝叶斯算法中，如何精确地计算后验概率是一个主要的研究课题。

本书将主要讲解基于频率派的识别式机器学习算法，并对其中各个实用的算法及未来的发展方向做相应的介绍。关于产生式机器学习算法，读者朋友可以参考文献[11]等；关于朴素贝叶斯派的机器学习算法，可以参考文献[10]等进行更加深入的学习。

2 学习模型

本书所涉及的各种机器学习算法大多着重于如何使特定函数与数据集相近似。本章将对各种近似模型进行相应的介绍。

2.1 线性模型

首先，从学习对象 f 函数的输入是一维的情况开始说明。在对函数 f 进行近似时，最简单的模型就是线性模型 $\theta \times x$。在这里，θ 表示模型的参数（标量），通过对这个参数进行学习，完成函数的近似计算。这个模型对于参数 θ 而言是线性的，因此对其进行数值计算是非常简便易行的。然而，因为这个模型只能表现线性的输入输出函数（即直线关系），所以在解决实际问题方面，往往没有太大的实用价值（图 2.1）。

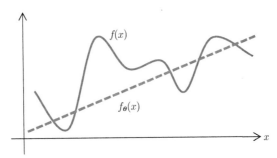

图 2.1 输入为线性模型的时候不能很好地与非线性函数近似

因此，在实际应用中，经常会对上述的线性模型进行相应的扩展，使其变成基于参数的线性模型，这样就可以使线性模型也能用于表示非线性的输入与输出了。

$$f_{\boldsymbol{\theta}}(x) = \sum_{j=1}^{b} \theta_j \phi_j(x) = \boldsymbol{\theta}^{\top} \phi(x)$$

在上式中，$\phi_j(x)$ 是基函数向量 $\boldsymbol{\phi}(x) = (\phi_1(x), \cdots, \phi_b(x))^\top$ 的第 j 个因子，θ_j 是参数向量 $\boldsymbol{\theta} = (\theta_1, \cdots, \theta_b)^\top$ 的第 j 个因子。另外，b 是基函数的个数，上标 $\top$ 表示矩阵的转置。我们可以看到，虽然上式依然是基于参数向量 $\boldsymbol{\theta}$ 的线性形式，但是，如果把基函数变为多项式的形式

$$\boldsymbol{\phi}(x) = (1, x, x^2, \cdots, x^{b-1})^\top$$

或者变为 $b = 2m + 1$ 的三角多项式形式

$$\boldsymbol{\phi}(x) = (1, \sin x, \cos x, \sin 2x, \cos 2x, \cdots, \sin mx, \cos mx)^\top$$

上述的线性模型就可以表示复杂的非线性模型了。

在上述模型中，一维的输入 x 还可以扩展为 d 维的向量形式 $\boldsymbol{x} = (x^{(1)}, \cdots, x^{(d)})^\top$。

$$f_{\boldsymbol{\theta}}(\boldsymbol{x}) = \sum_{j=1}^{b} \theta_j \phi_j(\boldsymbol{x}) = \boldsymbol{\theta}^\top \boldsymbol{\phi}(\boldsymbol{x}) \tag{2.1}$$

对于多维的输入向量 $\boldsymbol{x}$，如何选择合适的基函数呢？本节接下来将对使用一维的基函数来构造多维基函数的乘法模型和加法模型做相应的介绍。

乘法模型是指，把一维的基函数作为因子，通过使其相乘而获得多维基函数的方法。

$$f_{\boldsymbol{\theta}}(\boldsymbol{x}) = \sum_{j_1=1}^{b'} \cdots \sum_{j_d=1}^{b'} \theta_{j_1, \cdots, j_d} \phi_{j_1}(x^{(1)}) \cdots \phi_{j_d}(x^{(d)})$$

上式中，b' 代表各维的参数个数。由于乘法模型由多个不同的一维基函数任意组合而成，因此可以表示如图 2.2（a）那样复杂的函数。但需要注意的是，所有参数的个数是 $(b')^d$，即总的输入维数是以 d 次方的形式呈指数级增长的。例如，当 $b' = 10$，d 是 100 的时候，全部参数的个数将会是

$$10^{100} = 1\underbrace{000 \cdots 000}_{100 \text{个}}$$

这是个天文数字，以至于普通计算机根本无法进行计算。像这样

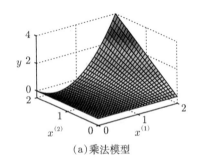
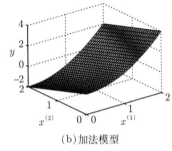

（a）乘法模型　　　　　　　　　　（b）加法模型

乘法模型的表现力非常丰富，但是参数个数会随着输入维数 d 呈指数级增加。另一方面，虽然加法模型的参数个数是随着输入维数 d 呈线性增加的，但其表现力又相对较弱。

图2.2　多维基函数

随着维数的增加，计算量呈指数级增长的现象，通常称为维数灾难。对机器学习研究者而言，这是相当恐怖的事情（图2.3）。如何避免维数灾难，是机器学习算法研究中非常热门的研究领域。

加法模型是指，把一维的基函数作为因子，通过使其相加而获得多维基函数的方法。

$$f_{\boldsymbol{\theta}}(\boldsymbol{x}) = \sum_{k=1}^{d} \sum_{j=1}^{b'} \theta_{k,j} \phi_j(x^{(k)})$$

图2.3　维数灾难。随着输入维数的增加，学习难度将呈指数级增长

加法模型中所有参数的个数是 $b'd$，其只会随着输入维数 d 呈线性增长。例如，当 $b' = 10$，d 是 100 的时候，全部参数的个数是 $10 \times 100 = 1000$，属于普通计算机正常计算的范围。但是，由于加法模型只考虑了一维基函数相加的情况，因此只能表现如图 2.2（b）那样的简单函数，表现力要比乘法模型逊色许多。

2.2 核模型

在线性模型中，多项式或三角多项式等基函数与训练样本 $\{(\boldsymbol{x}_i, y_i)\}_{i=1}^n$ 是毫不相关的。而本节中将要介绍的核模型，则会在进行基函数的设计时使用到输入样本 $\{\boldsymbol{x}_i\}_{i=1}^n$。

核模型，是以使用被称为核函数的二元函数 $K(\cdot, \cdot)$，以 $K(\boldsymbol{x}, \boldsymbol{x}_j)_{j=1}^n$ 的线性结合方式加以定义的。

$$f_{\boldsymbol{\theta}}(\boldsymbol{x}) = \sum_{j=1}^n \theta_j K(\boldsymbol{x}, \boldsymbol{x}_j) \tag{2.2}$$

在众多的核函数中，以高斯核函数的使用最为广泛。

$$K(\boldsymbol{x}, \boldsymbol{c}) = \exp\left(-\frac{\|\boldsymbol{x} - \boldsymbol{c}\|^2}{2h^2}\right)$$

在上式中，$\|\cdot\|$ 表示 2 范数，即 $\|\boldsymbol{x}\| = \sqrt{\boldsymbol{x}^\top \boldsymbol{x}}$。$h$ 和 $\boldsymbol{c}$ 分别对应于高斯核函数的带宽与均值（图 2.4）。

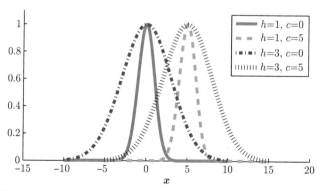

图 2.4 带宽为 h、均值为 c 的高斯核

在高斯核函数中，对各个输入样本$\{\boldsymbol{x}_i\}_{i=1}^n$进行高斯核配置，并把其高度$\{\theta_i\}_{i=1}^n$作为参数进行学习（图2.5）。因此，在高斯核模型中，一般只能在训练集的输入样本附近对函数进行近似（图2.6）。与对输入空间的全体函数进行近似的乘法模型不同，在高斯核模型中，因为只能在训练集的输入样本$\{\boldsymbol{x}_i\}_{i=1}^n$附近对函数进行近似，所以从某种程度上来说也减轻了维数灾难的影响。

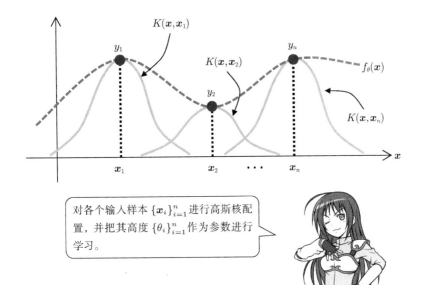

对各个输入样本$\{\boldsymbol{x}_i\}_{i=1}^n$进行高斯核配置，并把其高度$\{\theta_i\}_{i=1}^n$作为参数进行学习。

图2.5 一维的高斯核模型

只在训练集的输入样本附近对函数进行近似，可以减轻维数灾难的影响。

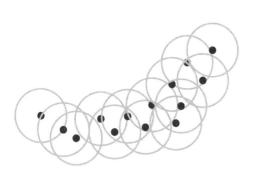

图2.6 二维的高斯核模型

实际上，在核模型里，参数的个数不依赖于输入变量 $\boldsymbol{x}$ 的维数 d，只由训练样本数 n 决定。因此，即使输入维数 d 相当大，只要训练样本数 n 不是太大，也会在普通计算机的处理范围之内。而即使训练样本数 n 也很大，只要把输入样本 $\{\boldsymbol{x}_i\}_{i=1}^n$ 的部分集合 $\{\boldsymbol{c}_j\}_{j=1}^b$ 作为核均值来进行计算，计算负荷也可以得到很好的抑制。

$$f_{\boldsymbol{\theta}}(\boldsymbol{x}) = \sum_{j=1}^{b} \theta_j K(\boldsymbol{x}, \boldsymbol{c}_j)$$

核模型是参数向量 $\boldsymbol{\theta} = (\theta_1, \cdots, \theta_n)^\top$ 的线性形式，因此也可以作为式 (2.1) 那样的基于参数的线性模型的特例来考虑。但是由于基函数依赖于输入样本，因此核模型的操作与基于参数的线性模型有很大的不同。在统计学中，通常把与基于参数的线性模型称为参数模型，把核模型称为非参数模型，以示区别[①]。然而，在本书中，我们把核模型视为基于参数的线性模型，应该也没有太大的问题。

核模型的另一个特征是，当输入样本 $\boldsymbol{x}$ 不是向量的时候，也能够很容易地实现扩展。在核模型 (式 2.2) 中，输入样本 $\boldsymbol{x}$ 只存在于核函数 $K(\boldsymbol{x}, \boldsymbol{x}')$ 中，因此，只需对两个输入样本 $\boldsymbol{x}$ 和 $\boldsymbol{x}'$ 相对应的核函数加以定义，而不用关心输入样本 $\boldsymbol{x}$ 具体是什么。例如，目前已经有人提出了输入样本 $\boldsymbol{x}$ 是字符串、决策树或图表等的核函数[8]。使用这样的核函数进行的机器学习算法，称为核映射方法。核映射方法是近几年机器学习的热门研究领域。关于核模型的更为详细的介绍，读者朋友可以参照文献 [1]、[3] 进行深入学习。

2.3 层级模型

与参数相关的非线性模型，称为非线性模型。只要是与参数相关的、不是线性的模型，都可以称之为非线性模型。这其中需要特别拿出来说明的，是非线性模型中的层级模型，它在很多方面都有着广泛的应用。

---

① 即 parametric model 和 non-parametric model。——译者注

$$f_{\boldsymbol{\theta}}(\boldsymbol{x}) = \sum_{j=1}^{b} \alpha_j \phi(\boldsymbol{x}; \boldsymbol{\beta}_j)$$

上式中，$\phi(\boldsymbol{x}; \boldsymbol{\beta})$是含有参数向量$\boldsymbol{\beta}$的基函数。与式（2.1）的基于参数的线性模型相似，层级模型是基于参数向量$\boldsymbol{\alpha} = (\alpha_1, \cdots, \alpha_b)^{\top}$的线性形式。但是因为层级模型的基函数里也包含参数向量$\{\boldsymbol{\beta}_j\}_{j=1}^{b}$，所以层级模型又是基于参数向量$\boldsymbol{\theta} = (\boldsymbol{\alpha}^{\top}, \boldsymbol{\beta}_1^{\top}, \cdots, \boldsymbol{\beta}_b^{\top})^{\top}$的非线性形式。

基函数通常采用S型函数（图2.7）

$$\phi(\boldsymbol{x}; \boldsymbol{\beta}) = \frac{1}{1 + \exp\left(-\boldsymbol{x}^{\top}\boldsymbol{\omega} - \gamma\right)}, \quad \boldsymbol{\beta} = (\boldsymbol{\omega}^{\top}, \gamma)^{\top}$$

或者高斯函数（图2.4）

$$\phi(\boldsymbol{x}; \boldsymbol{\beta}) = \exp\left(-\frac{\|\boldsymbol{x} - \boldsymbol{c}\|^2}{2h^2}\right), \quad \boldsymbol{\beta} = (\boldsymbol{c}^{\top}, h)^{\top}$$

S型函数模仿的是人类脑细胞的输入输出函数[9]，因此使用S型函数的层级模型也经常称为人工神经网络模型。另外，虽然这里的高斯函数与2.2节中介绍的高斯核是相同的，但是，核模型中的带宽和均值都是固定的，而在层级模型中，在对耦合系数参数$\{\alpha_j\}_{j=1}^{b}$进行学习的同时，也会对带宽和均值进行学习。因此，一般认为层级模型能够比核模型更加灵活地对函数进行近似。层级模型有时也表现为图2.8那样的三层神经网络的形式。

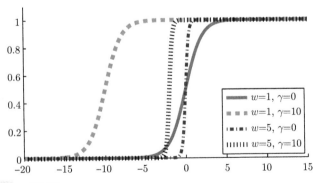

图2.7 S型函数

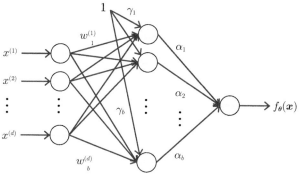

图 2.8 三层神经网络

然而，在层级模型中，参数 $\boldsymbol{\theta}$ 和函数 $f_{\boldsymbol{\theta}}$ 并不是一一对应的。例如，在 $b=2$ 的人工神经网络模型中，

$$f_{\boldsymbol{\theta}}(\boldsymbol{x}) = \alpha_1\phi(\boldsymbol{x}; \boldsymbol{\omega}_1, \gamma_1) + \alpha_2\phi(\boldsymbol{x}; \boldsymbol{\omega}_2, \gamma_2)$$

当上式的 $\boldsymbol{\omega}_1 = \boldsymbol{\omega}_2 = \boldsymbol{\omega}$，且 $\gamma_1 = \gamma_2 = \gamma$ 时，如果 $\alpha_1 + \alpha_2$ 是定值的话，就都变成了同一个函数

$$f_{\boldsymbol{\theta}}(\boldsymbol{x}) = (\alpha_1 + \alpha_2)\phi(\boldsymbol{x}; \boldsymbol{\omega}, \gamma)$$

正因为有这样的特性，人工神经网络模型也以学习过程异常艰难而著称[16]。

针对像人工神经网络这样的层级模型，采用贝叶斯学习[10、11]的方法是不错的选择[16]。另外，近些年来也有些研究者发现，通过从邻近输入样本的层级开始，一层一层地进行无监督学习，就可以很好地进行人工神经网络的初始化操作[6]。

第 II 部分 有监督回归

　　在本书的第 II 部分，我们将介绍回归问题中的各种有监督学习算法。回归是指把实函数在样本点附近加以近似的有监督的函数近似问题。

　　第3章将介绍回归问题的最基本算法——最小二乘学习法。第4章将介绍为避免过拟合而设置约束条件的最小二乘学习法。第5章和第6章将介绍难度较高的稀疏学习法和鲁棒学习法。

3 最小二乘学习法

本章将对回归中最为基础的方法——最小二乘法加以介绍。

在本章的以下部分，我们将对以 d 维实向量 $\boldsymbol{x}$ 作为输入、以实数值 y 作为输出的函数 $y = f(\boldsymbol{x})$ 的学习问题进行说明。这里的真实函数关系 f 是未知的，通过学习过程中作为训练集而输入输出的训练样本 $\{\boldsymbol{x}_i, y_i\}_{i=1}^{n}$ 来对其进行学习。但是在一般情况下，输出样本 y_i 的真实值 $f(\boldsymbol{x}_i)$ 中经常会观测到噪声。

3.1 最小二乘学习法

最小二乘学习法是对模型的输出 $f_{\boldsymbol{\theta}}(\boldsymbol{x}_i)$ 和训练集输出 $\{y_i\}_{i=1}^{n}$ 的平方误差

$$J_{\mathrm{LS}}(\boldsymbol{\theta}) = \frac{1}{2} \sum_{i=1}^{n} \left(f_{\boldsymbol{\theta}}(\boldsymbol{x}_i) - y_i \right)^2 \tag{3.1}$$

为最小时的参数 $\boldsymbol{\theta}$ 进行学习。

$$\widehat{\boldsymbol{\theta}}_{\mathrm{LS}} = \underset{\boldsymbol{\theta}}{\arg\min} \, J_{\mathrm{LS}}(\boldsymbol{\theta})$$

"LS" 是 Least Squares 的首字母。另外，式 (3.1) 中之所以加上系数 $1/2$，是为了约去对 J_{LS} 进行微分时得到的 2。平方误差 $\left(f_{\boldsymbol{\theta}}(\boldsymbol{x}_i) - y_i \right)^2$ 是残差

$$f_{\boldsymbol{\theta}}(\boldsymbol{x}_i) - y_i$$

的 ℓ_2 范数，因此最小二乘学习法有时也称为 ℓ_2 损失最小化学习法。

如果使用线性模型

$$f_{\boldsymbol{\theta}}(\boldsymbol{x}) = \sum_{j=1}^{b} \theta_i \phi_i(\boldsymbol{x}) = \boldsymbol{\theta}^\top \phi(\boldsymbol{x})$$

的话，训练样本的平方差 J_{LS} 就能够表示为下述形式。

$$J_{\mathrm{LS}}(\boldsymbol{\theta}) = \frac{1}{2} \left\| \boldsymbol{\Phi}\boldsymbol{\theta} - \boldsymbol{y} \right\|^2$$

在这里，$\boldsymbol{y} = (y_1, \cdots, y_n)^\top$ 是训练输出的 n 维向量，$\boldsymbol{\Phi}$ 是下式中定义的 $n \times b$ 阶矩阵，也称为设计矩阵。

$$\boldsymbol{\Phi} = \begin{pmatrix} \phi_1(\boldsymbol{x}_1) & \cdots & \phi_b(\boldsymbol{x}_1) \\ \vdots & \ddots & \vdots \\ \phi_1(\boldsymbol{x}_n) & \cdots & \phi_b(\boldsymbol{x}_n) \end{pmatrix}$$

训练样本的平方差 J_{LS} 的参数向量 $\boldsymbol{\theta}$ 的偏微分 $\nabla_{\boldsymbol{\theta}} J_{\mathrm{LS}}$ 以

$$\nabla_{\boldsymbol{\theta}} J_{\mathrm{LS}} = \left(\frac{\partial J_{\mathrm{LS}}}{\partial \theta_1}, \cdots, \frac{\partial J_{\mathrm{LS}}}{\partial \theta_b} \right)^\top = \boldsymbol{\Phi}^\top \boldsymbol{\Phi}\boldsymbol{\theta} - \boldsymbol{\Phi}^\top \boldsymbol{y}$$

这样的形式给出。如果将其微分设置为 0，最小二乘解就满足关系式

$$\boldsymbol{\Phi}^\top \boldsymbol{\Phi}\boldsymbol{\theta} = \boldsymbol{\Phi}^\top y$$

这个方程式的解 $\widehat{\boldsymbol{\theta}}_{\mathrm{LS}}$ 使用设计矩阵 $\boldsymbol{\Phi}$ 的广义逆矩阵 $\boldsymbol{\Phi}^\dagger$ 来进行计算，可以得出

$$\widehat{\boldsymbol{\theta}}_{\mathrm{LS}} = \boldsymbol{\Phi}^\dagger \boldsymbol{y}$$

在这里，$\dagger$ 是剑标。相对于只有方阵、非奇异矩阵才能定义逆矩阵，广义逆矩阵则是矩形矩阵或奇异矩阵都可以定义，是对逆矩阵的推广。$\boldsymbol{\Phi}^\top \boldsymbol{\Phi}$ 有逆矩阵的时候，广义逆矩阵 $\boldsymbol{\Phi}^\dagger$ 可以用下式表示。

$$\boldsymbol{\Phi}^\dagger = \left(\boldsymbol{\Phi}^\top \boldsymbol{\Phi} \right)^{-1} \boldsymbol{\Phi}^\top$$

图 3.1 是对基函数

$$\phi(x) = \left(1, \sin\frac{x}{2}, \cos\frac{x}{2}, \sin\frac{2x}{2}, \cos\frac{2x}{2}, \cdots, \sin\frac{15x}{2}, \cos\frac{15x}{2} \right)^\top$$

进行最小二乘法学习的实例。在这个例子中，通过使用基于参数的线性模型进行最小二乘法学习，对复杂的非线性函数也可以很好地进行近似。这个数据图是使用数值计算工具 MATLAB 生成的。图 3.2 是这

个例子的MATLAB程序源代码。在这个程序中，并没有对广义逆矩阵$\Phi^\dagger$进行求解，而是通过t=p\y对方程式$\Phi\theta = y$直接进行求解，据此提高了计算效率。

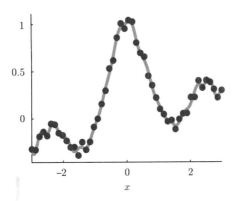

图3.1 对线性模型进行最小二乘法学习的实例。使用了三角多项式基函数$\phi(x) = \left(1, \sin\dfrac{x}{2}, \cos\dfrac{x}{2}, \sin\dfrac{2x}{2}, \cos\dfrac{2x}{2}, \cdots, \sin\dfrac{15x}{2}, \cos\dfrac{15x}{2}\right)^\top$

```
n=50; N=1000; x=linspace(-3,3,n)'; X=linspace(-3,3,N)';
pix=pi*x; y=sin(pix)./(pix)+0.1*x+0.05*randn(n,1);

p(:,1)=ones(n,1); P(:,1)=ones(N,1);
for j=1:15
  p(:,2*j)=sin(j/2*x); p(:,2*j+1)=cos(j/2*x);
  P(:,2*j)=sin(j/2*X); P(:,2*j+1)=cos(j/2*X);
end
t=p\y; F=P*t

figure(1); clf; hold on; axis([-2.8 2.8 -0.5 1.2]);
plot(X,F,'g-'); plot(x,y,'bo');
```

图3.2 对线性模型进行最小二乘法学习的MATLAB程序源代码

对顺序为 i 的训练样本的平方差通过权重 $w_i \geqslant 0$ 进行加权，然后再采用最小二乘法学习，这称为加权最小二乘学习法。

$$\min_{\boldsymbol{\theta}} \frac{1}{2} \sum_{i=1}^{n} w_i \left(f_{\boldsymbol{\theta}}(\boldsymbol{x}_i) - y_i\right)^2$$

加权最小二乘学习法，与没有权重时相同，

$$\left(\boldsymbol{\Phi}^{\top} \boldsymbol{W} \boldsymbol{\Phi}\right)^{\dagger} \boldsymbol{\Phi}^{\top} \boldsymbol{W} \boldsymbol{y}$$

可以通过上式进行求解。但是，上式中的 $\boldsymbol{W}$ 是以 $w_1, \cdots, w_n$ 为对角元素的对角矩阵。

在 2.2 节中提到的核模型

$$f_{\boldsymbol{\theta}}(\boldsymbol{x}) = \sum_{j=1}^{n} \theta_j K\left(\boldsymbol{x}, \boldsymbol{x}_j\right) \tag{3.2}$$

也可以认为是线性模型的一种。实际上，通过把设计矩阵 $\boldsymbol{\Phi}$ 置换为下式中定义的核矩阵 K，就可以使用和线性模型相同的方法来求得核模型的最小二乘解。

$$\boldsymbol{K} = \left(\begin{array}{ccc} K(\boldsymbol{x}_1, \boldsymbol{x}_1) & \cdots & K(\boldsymbol{x}_1, \boldsymbol{x}_n) \\ \vdots & \ddots & \vdots \\ K(\boldsymbol{x}_n, \boldsymbol{x}_1) & \cdots & K(\boldsymbol{x}_n, \boldsymbol{x}_n) \end{array}\right)$$

3.2 最小二乘解的性质

首先来考虑设计矩阵 $\boldsymbol{\Phi}$ 的奇异值分解。

$$\boldsymbol{\Phi} = \sum_{k=1}^{\min(n,b)} \kappa_k \boldsymbol{\psi}_k \boldsymbol{\varphi}_k^{\top}$$

κ_k、$\boldsymbol{\psi}_k$、φ_k 分别称为奇异值、左奇异向量、右奇异向量。奇异值全部是非负的，奇异向量满足正交性。

$$\boldsymbol{\psi}_i^{\top} \boldsymbol{\psi}_{i'} = \begin{cases} 1 & (i = i') \\ 0 & (i \neq i') \end{cases} \qquad \varphi_j^{\top} \varphi_{j'} = \begin{cases} 1 & (j = j') \\ 0 & (j \neq j') \end{cases}$$

使用 MATLAB 中的 svd 函数，可以非常简单地进行奇异值分解。

进行奇异值分解后，$\boldsymbol{\Phi}$ 的广义逆矩阵 $\boldsymbol{\Phi}^\dagger$ 就可以表示为下式这样。

$$\boldsymbol{\Phi}^\dagger = \sum_{k=1}^{\min(n,b)} \kappa_k^\dagger \boldsymbol{\varphi}_k \boldsymbol{\psi}_k^\top$$

但是，$\kappa^\dagger$ 是标量 κ 的广义逆矩阵，

$$\kappa^\dagger = \begin{cases} 1/\kappa & (\kappa \neq 0) \\ 0 & (\kappa = 0) \end{cases}$$

可以用上式加以定义。因此，最小二乘解 $\widehat{\boldsymbol{\theta}}_{\mathrm{LS}}$ 就可以表示为

$$\widehat{\boldsymbol{\theta}}_{\mathrm{LS}} = \sum_{k=1}^{\min(n,b)} \kappa_k^\dagger \left(\boldsymbol{\psi}_k^\top \boldsymbol{y} \right) \boldsymbol{\varphi}_k$$

把最小二乘学习法中得到的函数的训练输入 $\{\boldsymbol{x}_i\}_{i=1}^n$ 的输出值 $\{f_{\widehat{\boldsymbol{\theta}}_{\mathrm{LS}}}(\boldsymbol{x}_i)\}_{i=1}^n$，变换为列向量表示的话，可得到

$$\left(f_{\widehat{\boldsymbol{\theta}}_{\mathrm{LS}}}(\boldsymbol{x}_1), \cdots, f_{\widehat{\boldsymbol{\theta}}_{\mathrm{LS}}}(\boldsymbol{x}_n) \right)^\top = \boldsymbol{\Phi}\widehat{\boldsymbol{\theta}}_{\mathrm{LS}} = \boldsymbol{\Phi}\boldsymbol{\Phi}^\dagger \boldsymbol{y}$$

显然上式中的 $\boldsymbol{\Phi}\boldsymbol{\Phi}^\dagger$ 是 $\boldsymbol{\Phi}$ 的值域 $\mathcal{R}(\boldsymbol{\Phi})$ 的正交投影矩阵，因此最小二乘学习法的输出向量 $\boldsymbol{y}$ 是由 $\mathcal{R}(\boldsymbol{\Phi})$ 的正投影得到的。

利用真实函数 f 中的参数 $\boldsymbol{\theta}^*$，把它以 $f_{\boldsymbol{\theta}^*}$ 的形式代入式中的话，真实函数 f 的输入 $\{\boldsymbol{x}_i\}_{i=1}^n$ 的输出值 $\{f(\boldsymbol{x}_i)\}_{i=1}^n$，就可以变换为列向量表示，即

$$\left(f(\boldsymbol{x}_1), \cdots, f(\boldsymbol{x}_n) \right)^\top = \boldsymbol{\Phi}\boldsymbol{\theta}^*$$

因此，真的输出值向量就存在于 $\mathcal{R}(\boldsymbol{\Phi})$ 中了。由此可见，采用最小二乘学习法的向量 $\boldsymbol{y}$ 由 $\mathcal{R}(\boldsymbol{\Phi})$ 的正投影而得到的方法，就可以把 $\boldsymbol{y}$ 中含有的噪声成份去除了（图 3.3）。

特别是，如果噪声的期望值为 0，则最小二乘解 $\widehat{\boldsymbol{\theta}}_{\mathrm{LS}}$ 就是真实参数 $\boldsymbol{\theta}^*$ 的无偏估计量。

$$\mathbb{E}\left[\widehat{\boldsymbol{\theta}}_{\mathrm{LS}} \right] = \boldsymbol{\theta}^*$$

在上式中，$\mathbb{E}$ 为噪声的期望值。另外，即使真实函数没有包含在模型中（即无论对于什么样的 $\boldsymbol{\theta}$，都存在 $f \neq f_{\boldsymbol{\theta}}$），如果增加训练样本数 n 的话，$\mathbb{E}\left[\widehat{\boldsymbol{\theta}}_{\mathrm{LS}} \right]$ 也会向着模型中的最优参数方向收敛。这种性质也称为渐近无偏性。

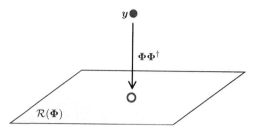

图3.3 线性模型的最小二乘学习法中，训练输出向量 y 是由 $\mathcal{R}(\Phi)$ 的正投影得到的

3.3 大规模数据的学习算法

设计矩阵 Φ 的维数为 $n \times b$，当训练样本数 n 或参数个数 b 是非常大的数值的时候，经常会出现计算内存不足的现象。在这种情况下，使用随机梯度算法往往会产生很好的效果。随机梯度算法是指，沿着训练平方误差 J_{LS} 的梯度下降，对参数 θ 依次进行学习的算法（图3.4）。

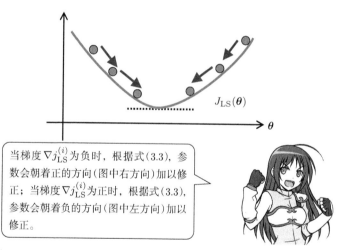

图3.4 梯度法

一般而言，与线性模型相对应的训练平方误差 J_{LS} 为凸函数。$J(\theta)$ 函数为凸函数是指，对于任意的两点 θ_1、θ_2 和任意的 $t \in [0, 1]$，

$$J(t\theta_1 + (1-t)\theta_2) \leqslant tJ(\theta_1) + (1-t)J(\theta_2)$$

上式是成立的(图3.5)。因为凸函数是只有一个峰值的函数，所以通过梯度法就可以得到训练平方误差 J_{LS} 在值域范围内的最优解，即全局最优解。图3.6显示了使用随机梯度算法对线性模型进行最小二乘法学习的算法流程。

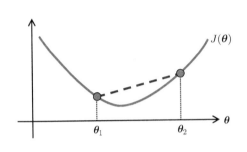

连接任意两点 $\boldsymbol{\theta}_1$、$\boldsymbol{\theta}_2$ 的线段一定在函数的上部。

图3.5 凸函数

❶ 给 $\boldsymbol{\theta}$ 以适当的初值。

❷ 随机选择一个训练样本(例如，选择顺序为 i 的训练样本 $(\boldsymbol{x}_i, y_i)$)。

❸ 对于选定的训练样本，采用使其梯度下降的方式，对参数 $\boldsymbol{\theta}$ 进行更新。

$$\boldsymbol{\theta} \longleftarrow \boldsymbol{\theta} - \varepsilon \nabla J_{LS}^{(i)} (\boldsymbol{\theta}) \tag{3.3}$$

在这里，ε 是名为学习系数的正标量，表示梯度下降的步幅。$\nabla J_{LS}^{(i)}$ 是顺序为 i 的训练样本相对应的训练平方误差的梯度，表示梯度下降的方向。

$$\nabla J_{LS}^{(i)} (\boldsymbol{\theta}) = \phi(\boldsymbol{x}_i)(f_{\boldsymbol{\theta}}(\boldsymbol{x}_i) - y_i)$$

❹ 直到解 $\boldsymbol{\theta}$ 达到收敛精度为止，重复上述❷、❸步的计算。

图3.6 使用随机梯度算法对线性模型进行最小二乘法学习法的算法流程

对于下式的高斯核函数模型，

$$f_{\boldsymbol{\theta}}(\boldsymbol{x}) = \sum_{j=1}^{n} \theta_j K(\boldsymbol{x}, \boldsymbol{x}_j), \quad K(\boldsymbol{x}, \boldsymbol{c}) = \exp\left(-\frac{\|\boldsymbol{x} - \boldsymbol{c}\|^2}{2h^2}\right)$$

图3.7显示了与其相对应的最小二乘学习法的随机梯度算法的运用实例。将训练样本数 n 设定为50,高斯核的带宽 h 设定为0.3。在这个例子中,从随机、任意的初始值开始学习,经过200次迭代计算,基本上就得到了近似的函数结果。但是,如果在这之后想要得到较为理想的收敛结果,则共需要11 556次的迭代计算。图3.8是这个例子的MATLAB程序源代码。

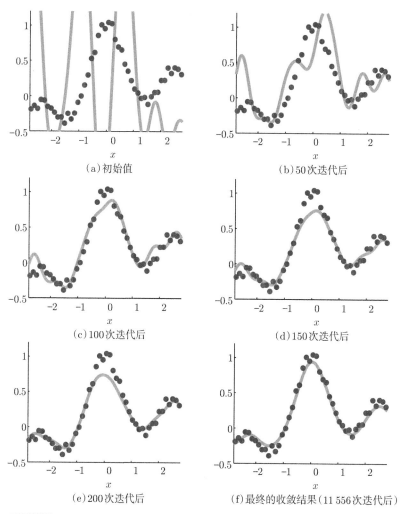

(a)初始值

(b)50次迭代后

(c)100次迭代后

(d)150次迭代后

(e)200次迭代后

(f)最终的收敛结果(11 556次迭代后)

图3.7 使用随机梯度算法对高斯核模型进行最小二乘学习法的实例。训练样本数 n 为50,高斯核的带宽 h 为0.3

```
n=50;N=1000; x=linspace(-3,3,n)'; X=linspace(-3,3,N)';
pix=pi*x; y=sin(pix)./(pix)+0.1*x+0.05*randn(n,1);

hh=2*0.3^2; t0=randn(n,1); e=0.1;
for o=1:n*1000
  i=ceil(rand*n);
  ki=exp(-(x-x(i)).^2/hh); t=t0-e*ki*(ki'*t0-y(i));
  if norm(t-t0)<0.000001, break, end
  t0=t;
end
K=exp(-(repmat(X.^2,1,n)+repmat(x.^2',N,1)-2*X*x')/hh);
F=K*t;

figure(1); clf; hold on; axis([-2.8 2.8 -0.5 1.2]);
plot(X,F,'g-'); plot(x,y,'bo');
```

图3.8 使用随机梯度算法对高斯核模型进行最小二乘学习法的**MATLAB**程序源代码

梯度法的收敛速度，强烈依赖于梯度下降的步幅（在图3.8的例子中，e=0.1）以及收敛结果的判断方法（在图3.8的例子中，`norm(t--t0)` `<0.000001`）。如果能合理调整这些值的设置，收敛速度也能得到一定程度的提高。例如，对于梯度下降的步幅，可以首先将其设置为较大的值，然后再慢慢地设置为较小的值。但是在实际操作过程中，要想将梯度下降的步幅设置为最优，一般是比较困难的。

带有约束条件的
最小二乘法

在第3章中介绍的最小二乘法，是众多机器学习算法中极为重要的一种基础算法。但是，单纯的最小二乘法对于包含噪声的学习过程经常有过拟合的弱点（图4.1(a)）。这往往是由于学习模型对于训练样本而言过度复杂。因此，本章将介绍能够控制模型复杂程度的、带有约束条件的最小二乘学习法。

4.1 部分空间约束的最小二乘学习法

在有参数的线性模型

$$f_{\boldsymbol{\theta}}(\boldsymbol{x}) = \sum_{j=1}^{b} \theta_j \phi_j(\boldsymbol{x}) = \boldsymbol{\theta}^\top \boldsymbol{\phi}(\boldsymbol{x})$$

的一般最小二乘学习法中，因为参数 $\{\theta_j\}_{j=1}^{b}$ 可以自由设置，所以使用的是图4.2(a)那样的全体参数空间。而本节将要介绍的部分空间约束的最小二乘法，则是通过把参数空间限制在一定范围内，来防止过拟合现象。

$$\min_{\boldsymbol{\theta}} J_{\mathrm{LS}}(\boldsymbol{\theta}) \quad \text{约束条件} \ \boldsymbol{P}\boldsymbol{\theta} = \boldsymbol{\theta}$$

在这里，$\boldsymbol{P}$ 是满足 $\boldsymbol{P}^2 = \boldsymbol{P}$ 和 $\boldsymbol{P}^\top = \boldsymbol{P}$ 的 $b \times b$ 维矩阵，表示的是矩阵 $\boldsymbol{P}$ 的值域 $\mathcal{R}(\boldsymbol{P})$ 的正交投影矩阵。如图4.2(b)所示，通过附加 $\boldsymbol{P}\boldsymbol{\theta} = \boldsymbol{\theta}$ 这样的约束条件，参数 $\boldsymbol{\theta}$ 就不会偏移到值域 $\mathcal{R}(\boldsymbol{P})$ 的范围外了。

部分空间约束的最小二乘学习法的解 $\widehat{\boldsymbol{\theta}}$，一般是通过将最小二乘学习的设计矩阵 $\boldsymbol{\Phi}$ 置换为 $\boldsymbol{\Phi}\boldsymbol{P}$ 的方式求得的。

$$\widehat{\boldsymbol{\theta}} = (\boldsymbol{\Phi P})^\dagger \boldsymbol{y}$$

图 4.1(b) 表示的是对以三角多项式 $\phi(x) = \left(1, \sin\frac{x}{2}, \cos\frac{x}{2}, \sin\frac{2x}{2}, \right.$ $\left. \cos\frac{2x}{2}, \cdots, \sin\frac{15x}{2}, \cos\frac{15x}{2}\right)^\top$ 作为基函数的线性模型进行部分空间约束的最小二乘学习法的实例。虽然与图 4.1(a) 采用了相同的数据，但是这里添加了一个条件，即将参数限制在了 $\{1, \sin\frac{x}{2}, \cos\frac{x}{2}, \sin\frac{2x}{2}, \cos\frac{2x}{2}, \cdots, \sin\frac{5x}{2}, \cos\frac{5x}{2}\}$ 的部分空间。从图中结果可以看出，通过这样的设置，过拟合得到了一定程度的减轻。图 4.3 是这个实例的 MATLAB 程序的源代码。

上例中的正交投影矩阵 $\boldsymbol{P}$ 通常是手动进行设置的，通过使用 13.2 节中介绍的主成分分析法，正交投影矩阵 $\boldsymbol{P}$ 也可以基于数据进行设置。

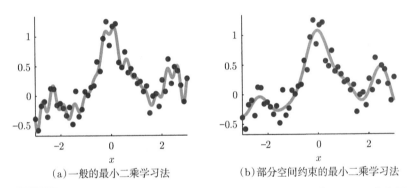

(a) 一般的最小二乘学习法　　　　　(b) 部分空间约束的最小二乘学习法

图 4.1　线性模型的最小二乘学习法的运用实例（噪声很多的例子）。使用了三角多项式 $\phi(x) = \left(1, \sin\frac{x}{2}, \cos\frac{x}{2}, \sin\frac{2x}{2}, \cos\frac{2x}{2}, \cdots, \sin\frac{15x}{2}, \cos\frac{15x}{2}\right)^\top$ 作为基函数。部分空间约束的最小二乘学习法中添加了约束条件，将参数限制在了 $\{1, \sin\frac{x}{2}, \cos\frac{x}{2}, \sin\frac{2x}{2}, \cos\frac{2x}{2}, \cdots, \sin\frac{5x}{2}, \cos\frac{5x}{2}\}$ 的部分空间内

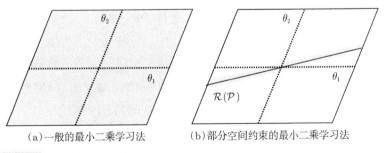

(a) 一般的最小二乘学习法　　　　　(b) 部分空间约束的最小二乘学习法

图 4.2　参数空间的限制

```
n=50; N=1000; x=linspace(-3,3,n)'; X=linspace(-3,3,N)';
pix=pi*x; y=sin(pix)./(pix)+0.1*x+0.2*randn(n,1);

p(:,1)=ones(n,1); P(:,1)=ones(N,1);
for j=1:15
  p(:,2*j)=sin(j/2*x); p(:,2*j+1)=cos(j/2*x);
  P(:,2*j)=sin(j/2*X); P(:,2*j+1)=cos(j/2*X);
end
t1=p\y; F1=P*t1;
t2=(p*diag([ones(1,11) zeros(1,20)]))\y;  F2=P*t2;

figure(1);clf; hold on; axis([-2.8 2.8 -0.8 1.2]);
plot(X,F1,'g-'); plot(X,F2,'r--'); plot(x,y,'bo');
legend('LS','Subspace-Constrained LS');
```

图4.3　线性模型的部分空间约束的最小二乘学习法的MATLAB程序源代码

4.2 ℓ_2约束的最小二乘学习法

部分空间约束的最小二乘学习法中，只使用了参数空间的一部分，但是由于正交投影矩阵 $\boldsymbol{P}$ 的设置有很大的自由度，因此在实际应用中操作起来是有很大难度的。本节将介绍操作相对容易的 ℓ_2 约束的最小二乘学习法。

$$\min_{\boldsymbol{\theta}} J_{\mathrm{LS}}(\boldsymbol{\theta}) \quad \text{约束条件} \ \|\boldsymbol{\theta}\|^2 \leqslant R \tag{4.1}$$

如图4.4所示，ℓ_2 约束的最小二乘学习法是以参数空间的原点为圆心，在一定半径范围的圆（一般为超球）内进行求解的。R 表示的即是圆的半径。

利用拉格朗日对偶问题（图4.5），通过求解下式的最优解问题，就可以得到最优化问题（4.1）的解。

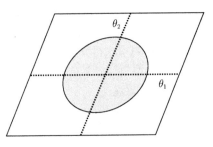

图 4.4　ℓ_2 约束的最小二乘学习法的参数空间

可微分的凸函数 $f : \mathbb{R}^d \to \mathbb{R}$ 和 $g : \mathbb{R}^d \to \mathbb{R}^p$ 的约束条件的最小化问题

$$\min_{\boldsymbol{t}} f(\boldsymbol{t}) \quad \text{约束条件} \quad \boldsymbol{g}(\boldsymbol{t}) \leqslant 0$$

的拉格朗日对偶问题,可以使用拉格朗日乘子

$$\boldsymbol{\lambda} = (\lambda_1, \cdots, \lambda_p)^\top$$

和拉格朗日函数

$$L(\boldsymbol{t}, \boldsymbol{\lambda}) = f(\boldsymbol{t}) + \boldsymbol{\lambda}^\top \boldsymbol{g}(\boldsymbol{t})$$

采用以下方式进行定义:

$$\max_{\boldsymbol{\lambda}} \inf_{\boldsymbol{t}} L(\boldsymbol{t}, \boldsymbol{\lambda}) \quad \text{约束条件} \quad \boldsymbol{\lambda} \geqslant 0$$

拉格朗日对偶问题的 $\boldsymbol{t}$ 的解,与原来的问题的解是一致的。

图 4.5　拉格朗日对偶问题

$$\max_{\lambda} \min_{\boldsymbol{\theta}} \left[J_{\mathrm{LS}}(\boldsymbol{\theta}) + \frac{\lambda}{2} \left(\|\boldsymbol{\theta}\|^2 - R \right) \right] \quad \text{约束条件} \ \lambda \geqslant 0$$

这里之所以把拉格朗日乘子 λ 变为 $\lambda/2$,是为了约去计算与 $\boldsymbol{\theta}$ 相关的偏微分时产生的 2。拉格朗日对偶问题的拉格朗日乘子 λ 的解由圆的半径 R 决定,如果不根据 R 来决定 λ,而是直接指定的话,ℓ_2 约束的最小二乘学习法的解 $\widehat{\boldsymbol{\theta}}$ 就可以通过下式求得:

$$\widehat{\boldsymbol{\theta}} = \underset{\boldsymbol{\theta}}{\operatorname{argmin}} \left[J_{\mathrm{LS}}(\boldsymbol{\theta}) + \frac{\lambda}{2} \|\boldsymbol{\theta}\|^2 \right] \tag{4.2}$$

上式的第一项 $J_{\mathrm{LS}}(\boldsymbol{\theta})$ 表示的是对训练样本的拟合程度,通过与第二项的 $\frac{\lambda}{2} \|\boldsymbol{\theta}\|^2$ 相结合得到最小值,来防止对训练样本的过拟合。

把式(4.2)的目标函数进行关于参数 $\boldsymbol{\theta}$ 的偏微分并设为0的话，ℓ_2 约束的最小二乘学习法的解 $\hat{\boldsymbol{\theta}}$ 就可以通过下式求得。

$$\hat{\boldsymbol{\theta}} = \left(\boldsymbol{\Phi}^\top \boldsymbol{\Phi} + \lambda \boldsymbol{I}\right)^{-1} \boldsymbol{\Phi}^\top \boldsymbol{y} \tag{4.3}$$

在这里，$\boldsymbol{I}$ 是单位矩阵。从式(4.3)可知，在 ℓ_2 约束的最小二乘学习法中，通过将矩阵 $\boldsymbol{\Phi}^\top \boldsymbol{\Phi}$ 与 $\lambda \boldsymbol{I}$ 相加提高其正则性，进而就可以更稳定地进行逆矩阵的求解。因此，ℓ_2 约束的最小二乘学习法也称为 ℓ_2 正则化的最小二乘学习法，式(4.2)中的第二项 $\|\boldsymbol{\theta}\|^2$ 为正则项，λ 为正则化参数。ℓ_2 正则化的最小二乘学习法在有些著作中也称为岭回归。

如果考虑设计矩阵 $\boldsymbol{\Phi}$ 的奇异值分解：

$$\boldsymbol{\Phi} = \sum_{k=1}^{\min(n,b)} \kappa_k \boldsymbol{\psi}_k \boldsymbol{\varphi}_k^\top$$

ℓ_2 约束的最小二乘学习法的解 $\hat{\boldsymbol{\theta}}$ 就可以像下式这样表示。

$$\hat{\boldsymbol{\theta}} = \sum_{k=1}^{\min(n,b)} \frac{\kappa_k}{\kappa_k^2 + \lambda} \boldsymbol{\psi}_k^\top \boldsymbol{y} \boldsymbol{\varphi}_k$$

当 λ 为0的时候，ℓ_2 约束的最小二乘学习法就与一般的最小二乘法相同了。当设计矩阵 $\boldsymbol{\Phi}$ 的计算条件很恶劣，即包含非常小的奇异值 κ_k 的时候，$\kappa_k/\kappa_k^2 (= 1/\kappa_k)$ 就会变成非常大的数值，训练输出向量 $\boldsymbol{y}$ 包含的噪声就会有所增加。另一方面，在 ℓ_2 约束的最小二乘学习法中，通过在分母的 κ_k^2 中加入正的常数 λ，使 $\kappa_k/(\kappa_k^2 + \lambda)$ 避免变得过大，进而就可以达到防止过拟合的目的。

对下式的高斯核模型

$$f_{\boldsymbol{\theta}}(\boldsymbol{x}) = \sum_{j=1}^{n} \theta_j K(\boldsymbol{x}, \boldsymbol{x}_j), \quad K(\boldsymbol{x}, \boldsymbol{c}) = \exp\left(-\frac{\|\boldsymbol{x} - \boldsymbol{c}\|^2}{2h^2}\right)$$

执行 ℓ_2 约束的最小二乘学习法的实例如图4.6所示。在这个例子里，带宽 h 为0.3，正则化参数 λ 为0.1。通过加入正则项，使得过拟合现象得到了很好的抑制。图4.7是这个例子的MATLAB程序的源代码。

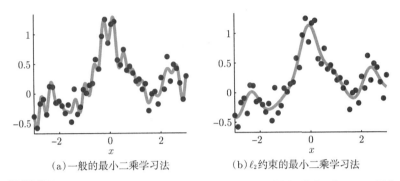

（a）一般的最小二乘学习法　　　　　　　（b）ℓ_2约束的最小二乘学习法

图4.6　高斯核模型的ℓ_2约束的最小二乘学习法的运用实例。带宽h为0.3，正则化
参数λ为0.1

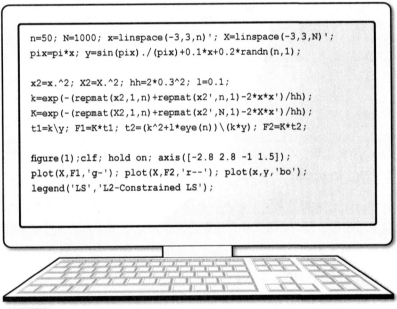

```
n=50; N=1000; x=linspace(-3,3,n)'; X=linspace(-3,3,N)';
pix=pi*x; y=sin(pix)./(pix)+0.1*x+0.2*randn(n,1);

x2=x.^2; X2=X.^2; hh=2*0.3^2; l=0.1;
k=exp(-(repmat(x2,1,n)+repmat(x2',n,1)-2*x*x')/hh);
K=exp(-(repmat(X2,1,n)+repmat(x2',N,1)-2*X*x')/hh);
t1=k\y; F1=K*t1; t2=(k^2+l*eye(n))\(k*y); F2=K*t2;

figure(1);clf; hold on; axis([-2.8 2.8 -1 1.5]);
plot(X,F1,'g-'); plot(X,F2,'r--'); plot(x,y,'bo');
legend('LS','L2-Constrained LS');
```

图4.7　高斯核模型的ℓ_2约束的最小二乘学习法的MATLAB程序源代码

虽然ℓ_2约束的最小二乘学习法中加入了ℓ_2范数的约束条件，但通过使用$b \times b$的正则化矩阵G，就可以得到更为普遍的表示方法。

$$\min_{\boldsymbol{\theta}} J_{\mathrm{LS}}(\boldsymbol{\theta}) \quad 约束条件 \quad \boldsymbol{\theta}^\top \boldsymbol{G} \boldsymbol{\theta} \leqslant R$$

上述表示方式一般称为一般 ℓ_2 约束的最小二乘学习法。矩阵 $\boldsymbol{G}$ 为对称正定矩阵的时候，$\boldsymbol{\theta}^\top \boldsymbol{G} \boldsymbol{\theta} \leqslant R$ 可以把数据限制在椭圆形状的数据区域内（图4.8）。一般 ℓ_2 约束的最小二乘学习法的解 $\widehat{\boldsymbol{\theta}}$ 的求解过程，与通常的 ℓ_2 约束的最小二乘学习法大体相同，

$$\widehat{\boldsymbol{\theta}} = \left(\boldsymbol{\Phi}^\top \boldsymbol{\Phi} + \lambda \boldsymbol{G} \right)^{-1} \boldsymbol{\Phi}^\top \boldsymbol{y}$$

一般也采用上式的方法。

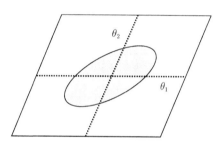

图4.8　一般 ℓ_2 约束的最小二乘学习法的参数空间

4.3　模型选择

在本章中，通过使用部分空间约束的最小二乘学习法或 ℓ_2 约束的最小二乘学习法，使得最小二乘学习过程中的过拟合现象得到了一定程度的缓和。但是，这些方法都过分依赖于正交投影矩阵 $\boldsymbol{P}$ 和正则化参数 λ 的选择，在一定程度上制约了这些方法的实际应用。因此，为了使有约束条件的最小二乘学习法能够得到更好的结果，选择合适的 $\boldsymbol{P}$ 和 λ 值是至关重要的。另外，使用线性模型时基函数的种类和数量的选择，以及使用核模型时核函数的种类等的选择，也都需要进行优化。

图4.9显示了在高斯核模型的 ℓ_2 约束的最小二乘学习法中，带宽 h 和正则化参数 λ 的变化对最终学习结果的影响。如果带宽 h 的值过小，最终结果的函数就会呈锯齿状；反之，如果带宽 h 的值过大，最终结果就会显得过于平滑。另一方面，如果正则化参数 λ 的值过小，过拟合现象就会比较明显；而如果正则化参数 λ 的值过大，则最终结果又

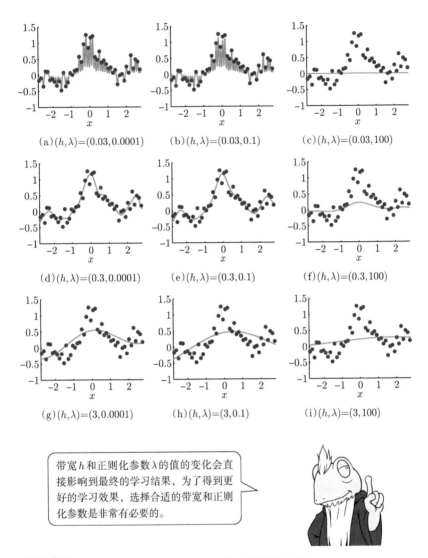

(a) $(h,\lambda)=(0.03,0.0001)$ (b) $(h,\lambda)=(0.03,0.1)$ (c) $(h,\lambda)=(0.03,100)$

(d) $(h,\lambda)=(0.3,0.0001)$ (e) $(h,\lambda)=(0.3,0.1)$ (f) $(h,\lambda)=(0.3,100)$

(g) $(h,\lambda)=(3,0.0001)$ (h) $(h,\lambda)=(3,0.1)$ (i) $(h,\lambda)=(3,100)$

> 带宽 h 和正则化参数 λ 的值的变化会直接影响到最终的学习结果，为了得到更好的学习效果，选择合适的带宽和正则化参数是非常有必要的。

图 4.9 高斯核模型的 ℓ_2 约束的最小二乘学习法的运用实例

会过于趋近于直线。在这个例子中，$h=0.3$ 和 $\lambda=0.1$ 被认为是比较合理的选择，但带宽 h 和正则化参数 λ 的最优值一般会随着实际的函数种类或噪声的幅度发生变化。因此，有必要使用不同的输入训练样本，选择合适的带宽和正则化参数。

像上述这样，通过采用不同的输入训练样本，来决定机器学习算法中包含的各个参数值，一般称为模型选择。这一问题在统计学和机器学习领域都是研究的热点[2]。本节将介绍一些实用的模型选择方法。

首先，图4.10表示的是模型选择的一般流程。在这个算法中，最为重要的是步骤❸中学习结果的泛化误差评价。有监督学习的目的并不是记忆输入训练样本，而是对未知的测试输入样本也能够正确地预测输出。泛化是指学习机器对未知的测试输入样本的处理能力，泛化误差是指对未知的测试输入样本的输出所做的预测的误差。

❶ 准备模型的候选 $M_1, \cdots, M_k$。

❷ 对各个模型 $M_1, \cdots, M_k$ 求解其学习结果 $f^{(1)}, \cdots, f^{(k)}$。

❸ 对各学习结果 $f^{(1)}, \cdots, f^{(k)}$ 的泛化误差 $G^{(1)}, \cdots, G^{(k)}$ 进行评价。

❹ 选择泛化误差 $G^{(1)}, \cdots, G^{(k)}$ 最小的模型为最终模型。

图4.10　一般的模型选择流程

在泛化误差的评价过程中，尤为重要的是泛化误差不一定要与训练样本的误差相一致。因此，对于训练样本的误差，并不是要选择训练平方误差 J_{LS} 最小时对应的模型。实际上，通过复杂的模型是可以求得最小的训练平方误差 J_{LS} 的，但这样的模型往往会导致强过拟合现象。在高斯核模型的 ℓ_2 约束的最小二乘学习法中，虽然通过尽可能地设置较小的带宽 h 和正则化参数 λ 的值，可以得到最小的训练误差，但是，如图4.9所示，这样的选择并不一定是最佳的。

因此，实际应用中经常会用到交叉验证法。在交叉验证法中，把训练样本的一部分拿出来作为测试样本，不将其用于学习，而只用于评价最终学习结果的泛化误差(图4.11)。具体而言，就是按照图4.12中介绍的流程进行泛化误差的评价。通过运用交叉验证法，可以对泛化误差进行较为精确的评估。

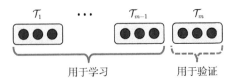

图4.11 交叉验证法

❶ 把训练样本 $\mathcal{T} = \{(\boldsymbol{x}_i, y_i)\}_{i=1}^n$ 随机划分为 m 个集合 $\{\mathcal{T}_i\}_{i=1}^m$（大小要基本相同）。

❷ 对 $i=1, \cdots, m$ 循环执行如下操作。

(a) 对除 $\mathcal{T}_i$ 以外的训练样本，即 $\mathcal{T} \setminus \mathcal{T}_i$ 进行学习，求解其学习结果 f_i。

(b) 把上述过程中没有参与学习的训练样本 $\mathcal{T}_i$ 作为测试样本，对 f_i 的泛化误差进行评估。

$$\widehat{G}_i = \begin{cases} \dfrac{1}{|\mathcal{T}_i|} \displaystyle\sum_{(\boldsymbol{x}, y) \in \mathcal{T}_i} \left(f_i(\boldsymbol{x}) - y\right)^2 & \text{（回归）} \\[4mm] \dfrac{1}{|\mathcal{T}_i|} \displaystyle\sum_{(\boldsymbol{x}, y) \in \mathcal{T}_i} \dfrac{1}{2} \left(1 - \text{sign}\left(f_i(\boldsymbol{x})y\right)\right)^2 & \text{（分类）} \end{cases}$$

在这里，$|\mathcal{T}_i|$ 表示集合 T_i 包含的训练样本的个数。另外，$\text{sign}(y)$ 表示的是 y 值的符号，即 y 值的正负。

$$\text{sign}(y) = \begin{cases} +1 & (y > 0) \\ 0 & (y = 0) \\ -1 & (y < 0) \end{cases}$$

❸ 对各个 i 的泛化误差的评估值 $\widehat{G}_i$ 进行平均，得到最终的泛化误差的评估值 $\widehat{G}$。

$$\widehat{G} = \frac{1}{m} \sum_{i=1}^m \widehat{G}_i$$

图4.12 交叉验证法的算法流程

在分割为 m 个集合的交叉验证法中，需要进行 m 次学习，如果 m 的值很大的话，就容易产生计算时间过长的问题。然而，因为对于各个集合 $i = 1, \cdots, m$ 的学习过程是相互独立的，因此使用 m 台计算机进行并行计算，就可以完美地解决这个问题。一般会将 m 设定在 2 到 10 之间[①]。

---

① 分割数为 m 的交叉验证法一般称为 m 折交叉验证。10 折交叉验证最常用。——译者注

使用图4.9的数据，对使用高斯核模型

$$f_{\boldsymbol{\theta}}(\boldsymbol{x}) = \sum_{j=1}^{n} \theta_j K(\boldsymbol{x}, \boldsymbol{x}_j), \quad K(\boldsymbol{x}, \boldsymbol{c}) = \exp\left(-\frac{\|\boldsymbol{x} - \boldsymbol{c}\|^2}{2h^2}\right)$$

的 ℓ_2 约束的最小二乘学习法执行交叉验证法的实例如图4.13所示。在这个例子中，带宽 h 从 $\{0.03, 0.3, 3\}$ 中选取，正则化参数 λ 从 $\{0.0001, 0.1, 100\}$ 中选取，分割的集合数 m 为5。从图4.13中可以看出，交叉验证法中预测的泛化误差在 $\{(h, \lambda) = (0.3, 0.1)\}$ 时达到最小值。从图4.9中可以看出，$\{(h, \lambda) = (0.3, 0.1)\}$ 是本次机器学习过程中较为合理的选择。图4.14给出了这个例子的MATLAB程序源代码。

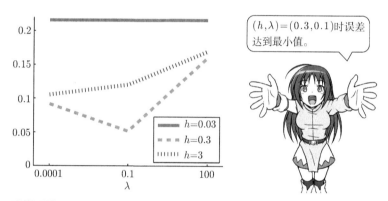

图4.13 对使用高斯核模型的 ℓ_2 约束的最小二乘学习法进行交叉验证的实例

把分割的集合数 m 设定为训练样本数 n 的交叉验证法，即对 $n-1$ 个训练样本进行学习，将余下的1个作为测试样本的方法，称为留一交叉验证法[①]。留一交叉验证法需要循环进行 n 次学习，如果 n 的值很大的话，容易使计算时间变得过长。然而，对于 ℓ_2 约束的最小二乘学习法而言，可以使用下式求得交叉验证法的泛化误差的评估值的解析解 $\widehat{G}$。

$$\widehat{G} = \frac{1}{n}\|\widetilde{\boldsymbol{H}}^{-1}\boldsymbol{H}\boldsymbol{y}\|^2 \tag{4.4}$$

---

① 即 n 折交叉验证。——译者注

在上式中，H 为下式定义的 $n \times n$ 阶矩阵

$$H = I - \Phi \left(\Phi^\top \Phi + \lambda I \right)^{-1} \Phi^\top$$

另外，$\widetilde{H}$ 是非对角元素均为 0、对角元素与 H 的对角元素相同的矩阵。"～" 是波浪号。另外，式 (4.4) 的推导过程中用到了求逆公式

$$(A + bb^\top)^{-1} = A^{-1} - \frac{A^{-1} bb^\top A^{-1}}{1 + b^\top A^{-1} b}$$

```matlab
n=50; N=1000; x=linspace(-3,3,n)'; X=linspace(-3,3,N)';
pix=pi*x; y=sin(pix)./(pix)+0.1*x+0.2*randn(n,1);

x2=x.^2; xx=repmat(x2,1,n)+repmat(x2',n,1)-2*x*x';
hhs=2*[0.03 0.3 3].^2; ls=[0.0001 0.1 100];
m=5; u=floor(m*[0:n-1]/n)+1; u=u(randperm(n));
for hk=1:length(hhs)
  hh=hhs(hk); k=exp(-xx/hh);
  for i=1:m
    ki=k(u~=i,:); kc=k(u==i,:); yi=y(u~=i); yc=y(u==i);
    for lk=1:length(ls)
      l=ls(lk); t=(ki'*ki+l*eye(n))\(ki'*yi); fc=kc*t;
      g(hk,lk,i)=mean((fc-yc).^2);
end, end, end
[gl,ggl]=min(mean(g,3),[],2); [ghl,gghl]=min(gl);
L=ls(ggl(gghl)); HH=hhs(gghl);

K=exp(-(repmat(X.^2,1,n)+repmat(x2',N,1)-2*X*x')/HH);
k=exp(-xx/HH); t=(k^2+L*eye(n))\(k*y); F=K*t;

figure(1); clf; hold on; axis([-2.8 2.8 -0.7 1.7]);
plot(X,F,'g-'); plot(x,y,'bo');
```

图 4.14 对使用高斯核模型的 ℓ_2 约束的最小二乘学习法进行交叉验证的实例的 MATLAB 程序源代码

5 稀疏学习

带有约束条件的最小二乘学习法和交叉验证法的组合，在实际应用中是非常有效的回归方法。然而，当参数特别多的时候，求解各参数以及学习得到的函数的输出值的过程，都需要耗费大量的时间。本章将介绍可以把大部分参数都置为0的稀疏学习算法。因为大部分参数都变成了0，所以就可以快速地求解各参数以及学习得到的函数的输出值。

5.1 ℓ_1 约束的最小二乘学习法

在 ℓ_2 约束的最小二乘学习法中，ℓ_2 范数有一定的约束作用。而在稀疏学习中，则使用 ℓ_1 来进行相应的条件约束。

$$\min_{\boldsymbol{\theta}} J_{\mathrm{LS}}(\boldsymbol{\theta}) \quad 约束条件 \ \|\boldsymbol{\theta}\|_1 \leqslant \mathrm{R}$$

向量 $\boldsymbol{\theta} = (\theta_1, \cdots, \theta_b)^\top$ 的 ℓ_1 范数 $\|\boldsymbol{\theta}\|_1$ 是作为向量 $\boldsymbol{\theta}$ 的各元素的绝对值和来进行定义的。

$$\|\boldsymbol{\theta}\|_1 = \sum_{j=1}^{b} |\theta_j|$$

满足 $\|\boldsymbol{\theta}\|_1 \leqslant R$ 的范围如图5.1所示，在各参数的轴上以角的形式加以表示。

而在实际应用中，上述的角就是得到稀疏解(含有大量0的解)的秘诀。下面使用图5.2对其进行深入细致的说明。对于参数的线性模型

$$f_{\boldsymbol{\theta}}(\boldsymbol{x}) = \sum_{j=1}^{b} \theta_j \phi_j(\boldsymbol{x}) = \boldsymbol{\theta}^\top \phi(\boldsymbol{x})$$

训练平方误差 J_{LS} 是关于 θ 的向下的二次凸函数。因此，训练平方误差 J_{LS} 在参数空间内具有呈椭圆状的等高线，其底部即是最小二乘解 $\hat{\theta}_{LS}$。如图 5.2(a) 所示，椭圆状的等高线和圆周的交点，即为 ℓ_2 约束的最小二乘学习法的解 $\hat{\theta}_{\ell_2 CLS}$。"$\ell_2 CLS$" 是 ℓ_2-Constrained Least Squares 的首字母。另一方面，ℓ_1 约束的最小二乘学习法的解 $\hat{\theta}_{\ell_1 CLS}$ 所在的范围，在各个参数的轴上都有角。在这个时候，如图 5.2(b) 所示，大体上是在该范围内的角的地方与椭圆状的等高线相交的。因此，一般 ℓ_1 约束的最小二乘学习法的解都位于参数的轴上。像这样在参数轴上的点中，有若干个为 0 的话，就称之为稀疏。

ℓ_1 约束的最小二乘学习法，在有些著作中也称为 Lasso 回归。

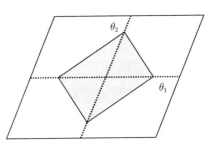

图 5.1　ℓ_1 约束的最小二乘学习法的参数空间

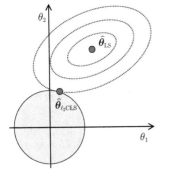

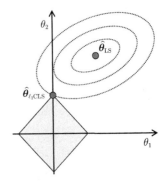

（a）ℓ_2 约束的最小二乘学习法　　　　（b）一般 ℓ_1 约束的最小二乘学习法

图 5.2　ℓ_1 约束的最小二乘学习法的解 $\hat{\theta}_{\ell_1 CLS}$ 往往在参数的轴上，很容易用稀疏的方式进行求解（本例中 $\theta_1 = 0$）

5.2 ℓ_1 约束的最小二乘学习的求解方法

因为 ℓ_1 范数中包含在原点处不能微分的绝对值 (图 5.3)，因此不能像 ℓ_2 约束那样简单地进行求解。然而，近些年来关于稀疏学习的最优化研究取得了较大的发展，产生了很多可以高效求解 ℓ_1 约束的最小二乘学习法的算法。特别是当参数 b 是非常大的数值的时候，ℓ_1 约束的最小二乘学习法可以获得比 ℓ_2 约束的最小二乘学习法更高的求解速度。关于这些高效的算法，读者朋友可以参考文献 [14] 等进行深入学习。本节将介绍一种通过使用 4.2 节中介绍的一般 ℓ_2 约束的最小二乘学习法，来快速求解 ℓ_1 约束的最小二乘学习法的方法。

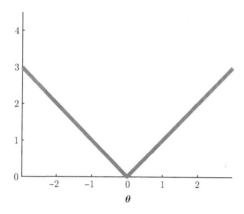

图 5.3 | 绝对值函数 $|\theta|$。$\theta = 0$ 时不可以微分

和 ℓ_2 约束的最小二乘学习法一样，这里使用由 ℓ_1 约束的上限 R 决定的拉格朗日乘子 λ，来考虑下式的正则化形式的最优化问题。

$$\min_{\boldsymbol{\theta}} J(\boldsymbol{\theta}), \quad J(\boldsymbol{\theta}) = J_{\mathrm{LS}}(\boldsymbol{\theta}) + \lambda \|\boldsymbol{\theta}\|_1 \tag{5.1}$$

另外，对于 ℓ_1 范数中包含的不能进行微分的绝对值函数，使用可以微分的二次函数来进行控制。

$$|\theta_j| \leqslant \frac{\theta_j^2}{2c_j} + \frac{c_j}{2} \text{ 对于 } c_j > 0$$

上述的二次函数就是该绝对值函数的上界，与绝对值函数在点 $\theta_j = \pm c_j$ 处相外切（图5.4）。

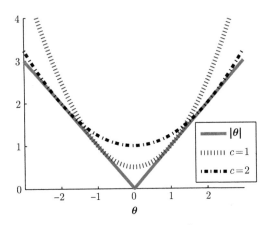

图5.4 对于绝对值函数 $|\theta|$，可以通过二次函数 $\frac{\theta^2}{2c} + \frac{c}{2}$ 从上方进行控制。这里的上界在 $\theta = \pm c$ 处与绝对值函数相外切

在这里，通过反复迭代来对其进行求解，可以用现在的解 $\widetilde{\theta}_j \neq 0$ 来替换 c_j，以构成上界约束。

$$|\theta_j| \leqslant \frac{\theta_j^2}{2|\widetilde{\theta}_j|} + \frac{|\widetilde{\theta}_j|}{2}$$

在上式中，当 $\widetilde{\theta}_j = 0$ 的时候，一般认为 $|\theta_j| = 0$。如果使用广义逆 $\dagger$ 的话，以上计算过程就可以表示为

$$|\theta_j| \leqslant \frac{|\widetilde{\theta}_j|^{\dagger}}{2}\theta_j^2 + \frac{|\widetilde{\theta}_j|}{2}$$

据此，作为式（5.1）的目标函数 $J(\boldsymbol{\theta})$ 的上界的最小化问题，可以得到下述 ℓ_2 正则化最小二乘学习法的一般表达式。

$$\widehat{\boldsymbol{\theta}} = \underset{\boldsymbol{\theta}}{\arg\min}\widetilde{J}(\boldsymbol{\theta}), \quad \widetilde{J}(\boldsymbol{\theta}) = J_{\text{LS}}(\boldsymbol{\theta}) + \frac{\lambda}{2}\boldsymbol{\theta}^{\top}\widetilde{\boldsymbol{\Theta}}^{\dagger}\boldsymbol{\theta} + C$$

但是，在上式中，$\widetilde{\boldsymbol{\Theta}}$ 是对角元素为 $|\widetilde{\theta}_1|, \cdots, |\widetilde{\theta}_b|$ 的对角矩阵，$C = \sum_{j=1}^{b} |\widetilde{\theta}_j|/2$ 是不依赖于 $\boldsymbol{\theta}$ 的常数。对于有参数的线性模型

$$f_{\boldsymbol{\theta}}(\boldsymbol{x}) = \boldsymbol{\theta}^\top \boldsymbol{\phi}(\boldsymbol{x})$$

可以按下式求得解 $\widehat{\boldsymbol{\theta}}$。

$$\widehat{\boldsymbol{\theta}} = \left(\boldsymbol{\Phi}^\top \boldsymbol{\Phi} + \lambda \widetilde{\boldsymbol{\Theta}}^\dagger \right)^{-1} \boldsymbol{\Phi}^\top \boldsymbol{y}$$

现在的解 $\boldsymbol{\theta} = \widetilde{\boldsymbol{\theta}}$ 的情况下，绝对值函数也是与二次函数的上界相外切的，因此，$J(\widetilde{\boldsymbol{\theta}}) = \widetilde{J}(\widetilde{\boldsymbol{\theta}})$ 是成立的。另外，$\widehat{\boldsymbol{\theta}}$ 是 $\widetilde{J}$ 为最小时得到的，$\widetilde{J}(\widetilde{\boldsymbol{\theta}}) \geqslant \widetilde{J}(\widehat{\boldsymbol{\theta}})$ 也是成立的。而由于 $\widetilde{J}(\boldsymbol{\theta})$ 是 J 的上界，因此 $\widetilde{J}(\widehat{\boldsymbol{\theta}}) \geqslant J(\widehat{\boldsymbol{\theta}})$ 也是成立的。综上，可以得到

$$J(\widetilde{\boldsymbol{\theta}}) = \widetilde{J}(\widetilde{\boldsymbol{\theta}}) \geqslant \widetilde{J}(\widehat{\boldsymbol{\theta}}) \geqslant J(\widehat{\boldsymbol{\theta}})$$

可见更新后的解 $\widehat{\boldsymbol{\theta}}$ 比现在的解 $\widetilde{\boldsymbol{\theta}}$ 更加收敛 (图5.5)。

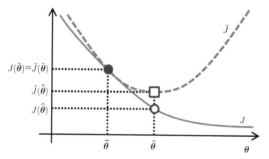

图5.5 更新后的解 $\widehat{\boldsymbol{\theta}}$ 比现在的解 $\widetilde{\boldsymbol{\theta}}$ 更加收敛

通过给定适当的初始值反复对这个解进行更新，ℓ_1 约束的最小二乘学习法的解就可以使用一般 ℓ_2 约束的最小二乘学习法来求得 (图5.6)。

对于高斯核模型

$$f_{\boldsymbol{\theta}}(\boldsymbol{x}) = \sum_{j=1}^{n} \theta_j K(\boldsymbol{x}, \boldsymbol{x}_j), \quad K(\boldsymbol{x}, \boldsymbol{c}) = \exp\left(-\frac{\|\boldsymbol{x} - \boldsymbol{c}\|^2}{2h^2} \right)$$

执行 ℓ_1 约束的最小二乘学习法的实例，如图5.7(b) 所示。虽然表面上看学习结果并没有太大的差别，但是 ℓ_2 约束的最小二乘学习法中50个

参数的值全部为非0值，而在ℓ_1约束的最小二乘学习法中，50个参数中有37个设置为了0值[①]，学习结果是仅仅使用13个核函数的线性拟合得到的。图5.8是本例的MATLAB程序源代码。

❶ 给初始值 $\boldsymbol{\theta}$ 以适当的值。

❷ 通过现在的解 $\boldsymbol{\theta}$ 来计算矩阵 $\boldsymbol{\Theta}$。

$$\boldsymbol{\Theta} \longleftarrow \mathrm{diag}\left(|\theta_1|, \cdots, |\theta_b|\right)$$

其中，$\mathrm{diag}(a, b, \cdots, c)$ 是以 $a, b, \cdots, c$ 为对角元素的对角矩阵。

❸ 使用矩阵 $\boldsymbol{\Theta}$ 来计算解 $\boldsymbol{\theta}$。

$$\boldsymbol{\theta} \longleftarrow \left(\boldsymbol{\Phi}^{\top}\boldsymbol{\Phi} + \lambda\boldsymbol{\Theta}^{\dagger}\right)^{-1}\boldsymbol{\Phi}^{\top}\boldsymbol{y}$$

❹ 直到解 $\boldsymbol{\theta}$ 达到收敛精度为止，重复上述 ❷、❸ 步的计算。

图5.6 使用一般 ℓ_2 约束的最小二乘学习法求解 ℓ_1 约束的最小二乘学习法的迭代方法

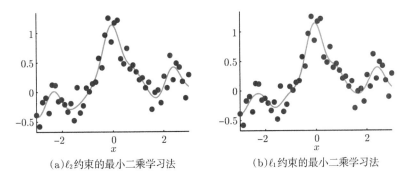

（a）ℓ_2 约束的最小二乘学习法　　　　（b）ℓ_1 约束的最小二乘学习法

虽然表面上看学习结果并没有太大的差别，但是 ℓ_2 约束的最小二乘学习法的50个参数全部为非0值，而 ℓ_1 约束的最小二乘学习法的50个参数中有37个为0值。

图5.7 高斯核模型的 ℓ_2 约束的最小二乘学习法和 ℓ_1 约束的最小二乘学习法的运用实例。在这两个例子中，带宽 h 都为0.3，正则化参数 λ 都为0.1

① 绝对值为 10^{-3} 以下的值均被设为了0。

```
n=50; N=1000; x=linspace(-3,3,n)'; X=linspace(-3,3,N)';
pix=pi*x; y=sin(pix)./(pix)+0.1*x+0.2*randn(n,1);

hh=2*0.3^2; l=0.1; t0=randn(n,1); x2=x.^2;
k=exp(-(repmat(x2,1,n)+repmat(x2',n,1)-2*x*x')/hh);
k2=k^2; ky=k*y;
for o=1:1000
  t=(k2+l*pinv(diag(abs(t0))))\ky;
  if norm(t-t0)<0.001, break, end
  t0=t;
end
K=exp(-(repmat(X.^2,1,n)+repmat(x2',N,1)-2*X*x')/hh);
F=K*t;

figure(1); clf; hold on; axis([-2.8 2.8 -1 1.5]);
plot(X,F,'g-'); plot(x,y,'bo');
```

图5.8　高斯核模型的ℓ_1约束的最小二乘学习法的MATLAB程序源代码

在对有参数的线性模型

$$f_{\boldsymbol{\theta}}(\boldsymbol{x}) = \sum_{j=1}^{b} \theta_j \phi_j(\boldsymbol{x}) = \boldsymbol{\theta}^{\top} \phi(\boldsymbol{x})$$

使用图3.6中介绍的随机梯度算法进行最小二乘学习的情况下，使用随机选择的样本$(\boldsymbol{x}, y)$按下式对其参数进行更新。

$$\boldsymbol{\theta} \longleftarrow \boldsymbol{\theta} - \varepsilon \phi(\boldsymbol{x}) \Big(f_{\boldsymbol{\theta}}(\boldsymbol{x}) - y \Big)$$

在上式中，ε是学习系数，是表示梯度下降幅度的微小正标量。为了得到概率梯度下降法的稀疏解，建议在多次进行梯度下降的过程中，对各个参数值θ_j进行如下的值域处理。

$$\forall j = 1, \cdots, b, \quad \theta_j \longleftarrow \begin{cases} \max(0, \theta_j - \lambda\varepsilon) & (\theta_j > 0) \\ \min(0, \theta_j + \lambda\varepsilon) & (\theta_j \leqslant 0) \end{cases}$$

5.3 通过稀疏学习进行特征选择

使用基函数向量 $\phi(\boldsymbol{x}) = \boldsymbol{x} = (x^{(1)}, \cdots, x^{(d)})^{\top}$，则与参数 $\boldsymbol{\theta}$ 相关的线性模型对于输入 $\boldsymbol{x}$ 而言也是线性的。

$$f_{\boldsymbol{\theta}}(\boldsymbol{x}) = \sum_{j=1}^{d} \theta_j x^{(j)} = \boldsymbol{\theta}^{\top}(\boldsymbol{x})$$

如果对这样的输入为线性的模型进行稀疏学习，那么与设为0的参数值 θ_j 相对应的输入变量 $x^{(j)}$，在模型的输出计算过程中是完全不使用的。也就是说，可以通过稀疏学习进行特征选择。

例如通过下面的模型对某人的收入进行预测：

$$\theta_1 \times 学历 + \theta_2 \times 年龄 + \theta_3 \times 能力 + \theta_4 \times 父母收入$$

这个模型的参数可以通过稀疏学习进行训练。假设得到的结果是 $\theta_4 = 0$，那么就可以认为此人的收入与父母的收入没有任何关联。

如果进行随意的特征选择的话，对于 d 个特征值 $x^{(1)}, \cdots, x^{(d)}$ 的 2^d 次维组合的优劣，一定要事先进行评估。在这个时候，计算时间是以输入维数 d 为基数呈指数级增长的，因此当 d 很大时计算往往不堪重负，会起到适得其反的效果。因此，一个特征一个特征地依次增加的向前选择法，以及一个特征一个特征地依次减少的向后删除法，在实际中有着广泛的应用。然而，这样的逐次试错的方式，并不能充分考虑到各个特征之间的相互联系，所以很多时候并不一定能够找到特征的最优组合。另一方面，使用 ℓ_1 约束的稀疏学习进行特征选择，可以在一定程度上考虑到各个特征之间的相互联系，在实际应用中，比起向前选择法和向后删除法，往往能够得到更好的特征集合。

5.4 ℓ_p 约束的最小二乘学习法

4.2节和5.1节中使用了ℓ_2范数和ℓ_1范数的约束条件,本节将介绍使用更为普遍的条件,即$p \geqslant 0$的$\boldsymbol{\ell_p}$范数的约束方法。

$$\|\boldsymbol{\theta}\|_p = \left(\sum_{j=1}^{b} |\theta_j|^p \right)^{\frac{1}{p}} \leqslant R$$

但是,当$p = \infty$的时候,

$$\|\boldsymbol{\theta}\|_\infty = \max \{|\theta_1|, \cdots, |\theta_b|\}$$

就变成了上式的情况。也就是说,ℓ_∞范数表示的是向量元素绝对值中的最大值。因此,ℓ_∞范数也称为最大值范数。另一方面,当$p = 0$的时候,便变成了如下的形式。

$$\|\boldsymbol{\theta}\|_0 = \sum_{j=1}^{b} \delta(\theta_j \neq 0), \quad \delta(\theta_j \neq 0) = \begin{cases} 1 & (\theta_j \neq 0) \\ 0 & (\theta_j = 0) \end{cases}$$

也就是说,ℓ_0范数表示的是非零的向量元素个数。

图5.9中表示的是ℓ_p范数的单位球($R = 1$)。当$p \leqslant 1$的时候,ℓ_p范数的单位球在坐标轴上呈有峰值的尖形;当$p \geqslant 1$的时候,则呈凸形。

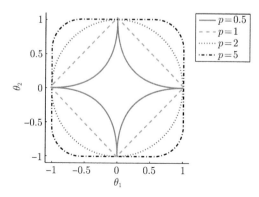

图5.9 ℓ_p范数的单位球

如图 5.2 所示，在坐标轴上呈有峰值的尖形是存在稀疏解的秘诀。另一方面，满足约束条件的空间如果不是凸形的话，可能存在局部最优解，但是最优化往往是很困难的。因此，当 $p = 1$ 的时候，是稀疏解存在的唯一的凸形，由此可知，ℓ_1 约束的最小二乘学习法是非常特殊的一种学习方法（图 5.10）。

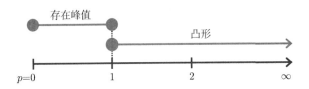

图 5.10 满足 ℓ_p 范数的约束条件的空间的性质

5.5 $\ell_1 + \ell_2$ 约束的最小二乘学习法

虽然 ℓ_1 约束的最小二乘学习法是非常有用的学习方法，但是在实际应用中，经常会遇到些许限制。

当参数 b 比训练样本数 n 还要多的时候，ℓ_1 约束的最小二乘学习法的非零参数个数最大为 n。对于核模型而言，因为 $b = n$，所以一般不会出现什么问题；但是在 5.3 节介绍的使用输入也是线性的模型进行特征选择的时候，因为这个限制的存在，可以选择的最大特征数也会被局限于 n。

另外，如果有若干个基函数相似的集合，ℓ_1 约束的最小二乘学习法往往会选择其中的一个而忽略剩余的几个。使用核模型的时候，如果输入样本 $\{\boldsymbol{x}_i\}_{i=1}^n$ 是簇构造的形式，则会更容易形成上述的集群构造。另外，在使用关于输入的线性模型的情况下，则只能从多个相关性强的特征中选择一个特征值。

还有，当参数 b 比训练样本数 n 少的时候，ℓ_1 约束的最小二乘学习法的通用性能要比 ℓ_2 约束的最小二乘学习法稍差。

解决上述问题的方案，就是使用 $\ell_1 + \ell_2$ 约束的最小二乘学习法。这个方法是利用 $\ell_1 + \ell_2$ 范数的凸结合来进行约束的。

$$(1-\tau)\|\boldsymbol{\theta}\|_1 + \tau\|\boldsymbol{\theta}\|^2 \leqslant R$$

在这里，τ是满足$0 \leqslant \tau \leqslant 1$的标量。当$\tau = 0$的时候，$\ell_1 + \ell_2$约束变为$\ell_1$约束；当$\tau = 1$的时候，$\ell_1 + \ell_2$约束变为$\ell_2$约束；当$0 < \tau < 1$的时候，$(1-\tau)\|\boldsymbol{\theta}\|_1 + \tau\|\boldsymbol{\theta}\|^2 \leqslant R$在参数的坐标轴上保持尖形。

当$\tau = 1/2$的时候，$\ell_1 + \ell_2$范数的单位球如图5.11所示。这个$\ell_1 + \ell_2$范数的单位球，从整体上来看和$\ell_{1.4}$范数的单位球形状完全相同。然而，如果把角的部分加以扩大，$\ell_{1.4}$范数的单位球会像ℓ_2范数的单位球那样平滑，而$\ell_1 + \ell_2$范数的单位球则会像ℓ_1范数那样呈尖形。因此，$\ell_1 + \ell_2$范数约束也会像ℓ_1范数约束那样容易求得稀疏解。

另外，即使参数b比训练样本数n还要多，$\ell_1 + \ell_2$约束的最小二乘学习法也可以拥有n个以上的非零参数。另外，当基函数为集合构造的时候，经常会以集合为单位对基函数进行选择，实验证明$\ell_1 + \ell_2$约束的最小二乘学习法比ℓ_1约束的最小二乘学习法具有更高的精度。然而，除了加入正则化参数λ之外，为了调整ℓ_1范数和ℓ_2范数的平衡还需要

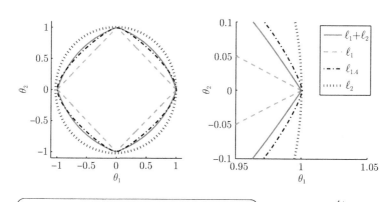

整体而言，$\ell_1 + \ell_2$范数的单位球和$\ell_{1.4}$范数的单位球拥有相同的形状。然而，如果把角的部分加以扩大，$\ell_{1.4}$范数的单位球会变得平滑，而$\ell_1 + \ell_2$范数的单位球则会变为有峰值的尖形。

图5.11 $\ell_1 + \ell_2$范数的单位球（左：整体，右：把角的部分放大）

引入参数 τ，这也是 $\ell_1 + \ell_2$ 约束的最小二乘学习法在实际应用中所面临的问题。

$\ell_1 + \ell_2$ 约束的最小二乘学习法，也称为弹性网回归学习法（图5.12）。

图5.12 弹性网是指有弹性的网状结构

鲁棒学习

虽然最小二乘学习法是非常实用的机器学习方法，但是当训练样本中包含异常值的时候，学习效果非常易于受到影响。图6.1表示的是对于线性模型 $f_\theta(x) = \theta_1 + \theta_2 x$，以10个训练样本进行最小二乘学习的例子。虽然在图6.1(a)那样的没有异常值的情况下也能够得到合理的学习结果，但是像图6.1(b)那样，如果将最右边的训练样本变为异常值，即使只有一个异常值存在，最小二乘学习的最终结果也将会发生极大的变化。

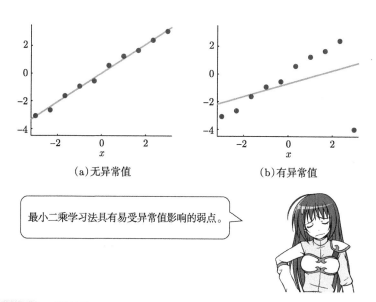

(a)无异常值　　　　　　　　(b)有异常值

最小二乘学习法具有易受异常值影响的弱点。

图6.1　对线性模型 $f_\theta(x) = \theta_1 + \theta_2 x$ 进行最小二乘学习的例子

在实际应用中，当训练样本数量很多的时候，自然会或多或少地包含一些异常值。因此，在这种情况下应用最小二乘学习法，并不能得到令人信赖的结果。在统计学领域和机器学习领域，对异常值也能保持稳定、可靠的性质，称为鲁棒性。

当训练样本中混入了异常值时，往往希望采用先除去这些异常值再进行学习的方法，或者采用保留异常值，但结果不易于受异常值影响的方法。前者将在第12章中详细说明，本章将介绍对于异常值有较高鲁棒性的鲁棒学习算法。

6.1 ℓ_1 损失最小化学习

最小二乘学习中，对训练样本的合理性，一般使用 ℓ_2 损失 $J_{\mathrm{LS}}(\boldsymbol{\theta})$ 来测定。

$$J_{\mathrm{LS}}(\boldsymbol{\theta}) = \frac{1}{2} \sum_{i=1}^{n} r_i^2$$

这里的 r_i 是顺序为 i 的训练样本所对应的残差，

$$r_i = f_{\boldsymbol{\theta}}(\boldsymbol{x}_i) - y_i$$

可以用上式进行表示。由于 ℓ_2 损失的大小会随残差呈平方级增长，因此如图 6.1(b) 所示，虽然训练样本中只包含一个异常值，但是学习结果的函数却产生了极大的变化。本节将介绍使用 ℓ_1 损失对残差的增幅加以抑制的学习算法（图 6.2）。

$$\widehat{\boldsymbol{\theta}}_{\mathrm{LA}} = \underset{\boldsymbol{\theta}}{\arg\min} J_{\mathrm{LA}}(\boldsymbol{\theta}), \quad J_{\mathrm{LA}}(\boldsymbol{\theta}) = \sum_{i=1}^{n} |r_i|$$

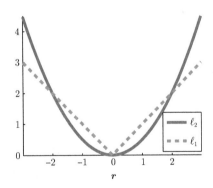

图6.2 ℓ_2 损失和 ℓ_1 损失。ℓ_2 损失随残差呈平方级增长

"LA"是Least Absolute的首字母。这个方法一般称为ℓ_1损失最小化学习或者最小绝对值偏差学习。$\widehat{\boldsymbol{\theta}}_{LA}$的求解方法将在6.2节中详细说明。首先，用与图6.1相同的训练样本对线性模型$f_{\boldsymbol{\theta}}(x) = \theta_1 + \theta_2 x$进行最小绝对值偏差学习，其最终结果如图6.3所示。通过这个结果可以看出，最小绝对值偏差学习要比最小二乘学习受异常值的影响小。另外，对于没有异常值的情况，其结果基本上与最小二乘学习相同。

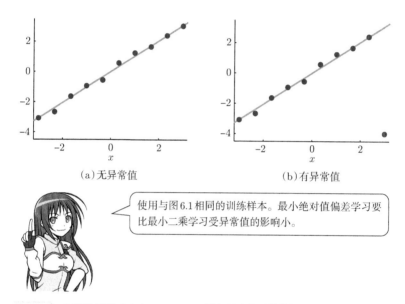

(a) 无异常值　　　　　　　　　　(b) 有异常值

使用与图6.1相同的训练样本。最小绝对值偏差学习要比最小二乘学习受异常值的影响小。

图6.3 对线性模型 $f_{\boldsymbol{\theta}}(x) = \theta_1 + \theta_2 x$ 进行最小绝对值偏差学习的例子

对于常数模型$f_{\theta}(\boldsymbol{x}) = \theta$，最小二乘学习的最终输出结果是训练样本输出值$\{y_i\}_{i=1}^n$的平均值（mean）。

$$\widehat{\boldsymbol{\theta}}_{LS} = \operatorname*{argmin}_{\boldsymbol{\theta}} \sum_{i=1}^n (\theta - y_i)^2 = \operatorname{mean}\left(\{y_i\}_{i=1}^n\right)$$

另一方面，最小绝对值偏差学习的最终输出结果则是训练样本输出值$\{y_i\}_{i=1}^n$的中间值（median）。

$$\widehat{\boldsymbol{\theta}}_{LA} = \operatorname*{argmin}_{\boldsymbol{\theta}} \sum_{i=1}^n |\theta - y_i| = \operatorname{median}\left(\{y_i\}_{i=1}^n\right)$$

这里的 $\{y_i\}_{i=1}^n$ 的中间值是指，将 $\{y_i\}_{i=1}^n$ 按从小到大的顺序排列后，处于中间位置的值（n 为偶数的时候，取中间两个值的平均值）。对于平均值而言，训练样本输出值 $\{y_i\}_{i=1}^n$ 中只要有一个值发生变化，都会对最终结果产生影响；但是对于中间值而言，只要 $\{y_i\}_{i=1}^n$ 的中间值不变，不论其他值发生如何巨大的变化，都不会对最终结果产生影响。最小绝对值偏差学习中对异常值的鲁棒性，就是从 ℓ_1 损失的上述性质中得来的。

6.2 Huber 损失最小化学习

虽然使用 ℓ_1 损失可以得到非常高的鲁棒性，但是高的鲁棒性也意味着训练样本与学习模型并不十分吻合。举个极端的例子，不论对于什么样的训练样本，都输出 $\theta = 0$，这样就可以得到最高的鲁棒性。因此，如果片面追求高的鲁棒性，实际的学习效果往往并不能达到预期。训练样本的信息得到了多大程度的灵活应用，可以用训练样本的有效性来评估。本节将介绍能够很好地取得有效性和鲁棒性的平衡的 Huber 损失最小化学习法。

Huber 损失的定义如下式所示，这里混合使用了 ℓ_2 损失和 ℓ_1 损失（图 6.4）。

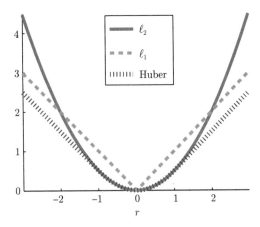

图6.4 Huber 损失。阈值为 $\eta = 1$

$$\rho\mathrm{Huber}(r) = \begin{cases} r^2/2 & (|r| \leqslant \eta) \\ \eta\,|r| - \eta^2/2 & (|r| > \eta) \end{cases}$$

如果残差的绝对值 $|r|$ 小于阈值 η 的话（即正常值），上式就变为了 ℓ_2 损失；如果残差的绝对值 $|r|$ 大于阈值 η 的话（即异常值），就变为了 ℓ_1 损失。但是，为了与 ℓ_2 损失平滑地连接，在 ℓ_1 损失中减去了常数 $\eta^2/2$。这样的学习方法就是 Huber 损失最小化学习。

$$\min_{\boldsymbol{\theta}} J(\boldsymbol{\theta}), \quad J(\boldsymbol{\theta}) = \sum_{i=1}^{n} \rho\mathrm{Huber}(r_i) \tag{6.1}$$

这里从有参数的线性模型

$$f_{\boldsymbol{\theta}}(\boldsymbol{x}) = \sum_{j=1}^{b} \theta_j \phi_j(\boldsymbol{x}) = \boldsymbol{\theta}^{\top} \boldsymbol{\phi}(\boldsymbol{x})$$

来考虑，把 Huber 损失 ρ_{Huber} 的绝对值部分用二次函数从上方进行抑制。

$$\eta\,|r_i| - \frac{\eta^2}{2} \leqslant \frac{\eta}{2c_i} r_i^2 + \frac{\eta c_i}{2} - \frac{\eta^2}{2} \text{ 对于 } c_i > 0$$

上式的上界二次函数与绝对值函数在点 $r_i = \pm c_i$ 处相切（图 6.5）。

接下来，通过迭代算法进行求解。并使用根据现在的解 $\widetilde{\boldsymbol{\theta}}$ 计算得出的残差的绝对值 $|\widetilde{r}_i|$ 来替换 c_i，构成如下的形式。

$$\eta\,|r_i| - \frac{\eta^2}{2} \leqslant \frac{\eta}{2|\widetilde{r}_i|} r_i^2 + \frac{\eta\,|\widetilde{r}_i|}{2} - \frac{\eta^2}{2}$$

通过这样的方式，式 (6.1) 中的目标函数 $J(\boldsymbol{\theta})$ 的上界的最小化问题，就可以通过下式的加权最小二乘学习法进行求解。

$$\widehat{\boldsymbol{\theta}} = \operatorname*{argmin}_{\boldsymbol{\theta}} \widetilde{J}(\boldsymbol{\theta}), \quad \widetilde{J}(\boldsymbol{\theta}) = \frac{1}{2} \sum_{i=1}^{n} \widetilde{w}_i r_i^2 + C$$

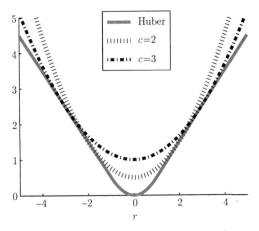

图6.5 Huber 损失的绝对值部分 $\eta\,|r| - \frac{\eta^2}{2}$，可以用上界 $\frac{\eta r^2}{2c} + \frac{\eta c}{2} - \frac{\eta^2}{2}$ 进行抑制。这个上界与绝对值函数在点 $r = \pm c$ 处相切

在上式中，权重 $\widetilde{w_i}$ 使用下式加以定义（图6.6）。

$$\widetilde{w}_i = \begin{cases} 1 & (|\widetilde{r_i}| \leqslant \eta) \\ \eta/\,|\widetilde{r_i}| & (|\widetilde{r_i}| > \eta) \end{cases}$$

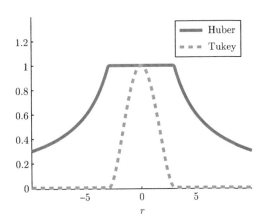

图6.6 Huber 损失最小化学习和图基检验[①] 的权重函数

另外，$C = \sum_{i:|\widetilde{r_i}|>\eta}(\eta\,|\widetilde{r_i}|/2 - \eta^2/2)$ 是不依赖于 $\boldsymbol{\theta}$ 的常数。如3.1节中介绍的那样，加权最小二乘学习法的解为

---

① HSD 检验。——译者注

$$\widehat{\boldsymbol{\theta}} = (\boldsymbol{\Phi}^\top \widetilde{W} \boldsymbol{\Phi})^\dagger \boldsymbol{\Phi}^\top \widetilde{W} \boldsymbol{y} \qquad (6.2)$$

其中$\widetilde{W}$是以$\widetilde{w}_1, \cdots, \widetilde{w}_n$为对角元素的对角矩阵。†为广义逆的符号。

现在的解$\widetilde{\boldsymbol{\theta}}$（即$\tilde{r}$）也与Huber损失和二次函数的上界相切，因此，下式是成立的。

$$J(\widetilde{\boldsymbol{\theta}}) = \widetilde{J}(\widetilde{\boldsymbol{\theta}}) \geqslant \widetilde{J}(\widehat{\boldsymbol{\theta}}) \geqslant J(\widehat{\boldsymbol{\theta}})$$

所以，更新后的解$\widehat{\boldsymbol{\theta}}$比现在的解$\widetilde{\boldsymbol{\theta}}$更加收敛。

这个解的更新是通过适当的初始值的反复迭代而进行的，Huber损失最小化学习可以使用加权最小二乘学习的方法来进行求解（图6.7）。这种反复迭代的算法称为反复加权最小二乘学习法。

❶ 给$\boldsymbol{\theta}$以适当的初始值（例如，在通常的最小二乘学习中，$\boldsymbol{\theta} \leftarrow (\boldsymbol{\Phi}^\top \boldsymbol{\Phi})^\dagger \boldsymbol{\Phi}^\top \boldsymbol{y}$。

❷ 通过现在的解$\boldsymbol{\theta}$来计算权重矩阵W。

$$W \leftarrow \mathrm{diag}(w_1, \cdots, w_n), \quad w_i = \begin{cases} 1 & (|r_i| \leqslant \eta) \\ \eta/|r_i| & (|r_i| > \eta) \end{cases}$$

其中，$r_i = f_{\boldsymbol{\theta}}(\boldsymbol{x}_i) - y_i$为残差。

❸ 使用权重矩阵W来计算解$\boldsymbol{\theta}$。

$$\boldsymbol{\theta} \leftarrow (\boldsymbol{\Phi}^\top W \boldsymbol{\Phi})^\dagger \boldsymbol{\Phi}^\top W \boldsymbol{y}$$

❹ 直到解$\boldsymbol{\theta}$达到收敛精度为止，重复上述❷、❸步的计算。

图6.7 使用加权最小二乘学习法对Huber损失最小化学习进行反复迭代的计算方法

图6.8表示的是对线性模型$f_{\boldsymbol{\theta}}(x) = \theta_1 + \theta_2 x$进行Huber损失最小化学习的例子。其中阈值$\eta = 1$。在这个例子中，反复加权最小二乘学习法只通过两次迭代就返回了与最终结果相近似的函数。全部4次迭代后就达到了收敛，得到了对异常值鲁棒性很强的学习结果。图6.9是本例的MATLAB程序源代码。

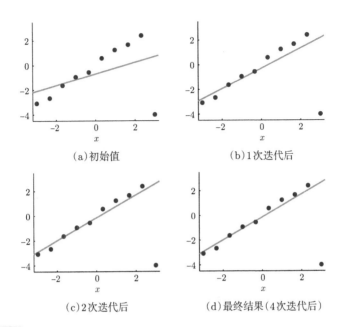

（a）初始值　　　　　　　　　　（b）1次迭代后

（c）2次迭代后　　　　　　　　（d）最终结果（4次迭代后）

图6.8　对线性模型 $f_\theta(x) = \theta_1 + \theta_2 x$ 进行 Huber 损失最小化学习的实例。阈值 $\eta = 1$

```
n=10; N=1000; x=linspace(-3,3,n)'; X=linspace(-4,4,N)';
y=x+0.2*randn(n,1); y(n)=-4;

p(:,1)=ones(n,1); p(:,2)=x; t0=p\y; e=1;
for o=1:1000
  r=abs(p*t0-y); w=ones(n,1); w(r>e)=e./r(r>e);
  t=(p'*(repmat(w,1,2).*p))\(p'*(w.*y));
  if norm(t-t0)<0.001, break, end
  t0=t;
end
P(:,1)=ones(N,1); P(:,2)=X; F=P*t;

figure(1); clf; hold on; axis([-4 4 -4.5 3.5]);
plot(X,F,'g-'); plot(x,y,'bo');
```

图6.9　对线性模型 $f_\theta(x) = \theta_1 + \theta_2 x$ 进行 Huber 损失最小化学习的 MATLAB 程序源代码

另外，将阈值η设定为非常小的数值的时候，Huber损失可以认为是ℓ_1损失的平滑近似。因此，可以通过上述的反复加权最小二乘学习法，对6.1节中介绍的ℓ_1损失最小二乘学习法进行近似的求解。实际上，在图6.9的MATLAB程序源代码中，若设置e=0.01，得到的结果就是如图6.3所示的图表。

6.3 图基损失最小化学习

Huber损失，是通过对ℓ_1损失和ℓ_2损失进行优化组合，使有效性和鲁棒性达到平衡的学习方法。然而，只要使用了ℓ_1损失对异常值进行处理，就会使得异常值对结果的影响非常巨大。在实际应用中，如图6.6所示，Huber损失最小化学习的权重$\widetilde{w}_i$即使对于大的残差也不会变为零。

在这种严峻状况下的机器学习，采用图基（Tukey）损失法[①]是非常好的选择（图6.10）。

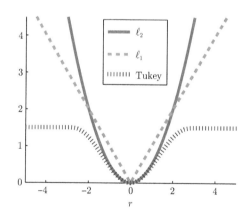

图6.10 图基（Tukey）损失。阈值$\eta = 3$

---

① 同图基检验法。——译者注

$$\rho_{\text{Tukey}}(r) = \begin{cases} \left(1 - [1 - r^2/\eta^2]^3\right)\eta^2/6 & (|r| \leqslant \eta) \\ \eta^2/6 & (|r| > \eta) \end{cases}$$

图基损失中, 如果残差的绝对值 $|r|$ 大于阈值 η 的话(即异常值), 就以 $\eta^2/6$ 的形式输出。因此, 图基损失最小化学习一般具有非常高的鲁棒性。

但是, 因为图基损失并不是凸函数, 一般拥有多个局部最优解, 所以在整个值域范围内求得最优解并不是一件容易的事情。在实际应用中, 将以下权重应用于 6.2 节介绍的反复加权最小二乘学习法(图 6.7), 就可以求得局部的最优解。

$$w = \begin{cases} \left(1 - r^2/\eta^2\right)^2 & (|r| \leqslant \eta) \\ 0 & (|r| > \eta) \end{cases}$$

另外, 当 $|r| > \eta$ 的时候, 权重完全变为零, 因此图基损失最小化学习完全不受显著异常值的影响。

在 MATLAB 中, 把图 6.9 所示的计算权重的程序代码

```
w=ones(n,1); w(r>e)=e./r(r>e);
```

变换为

```
w=zeros(n,1); w(r<=e)=(1-r(r<=e).^2/e^2).^2;
```

图 6.11 表示的是图基损失最小化学习的运用实例。阈值 $\eta = 1$。在这个例子中, 得到了比 Huber 损失最小化学习鲁棒性还要强的结果。然而, 图基损失最小化学习的结果依赖于初始值的选取, 初始值一旦发生变化, 或者数据量减少的话, 就可能会得到完全不同的学习结果。在实际应用中, 如图 6.11(c) 所示, 对图 6.11(b) 的例子中数据所包含的噪声做少许的改变, 都会产生其他的局部最优解。

另外, 对于可微分的对称的损失函数 $\rho(r)$, 可以使用权重 $w_i = \rho'(r_i)/r_i$ 应用加权最小二乘学习进行求解。需要注意的是, $\rho'(r)$ 表示的是 $\rho(r)$ 的微分。

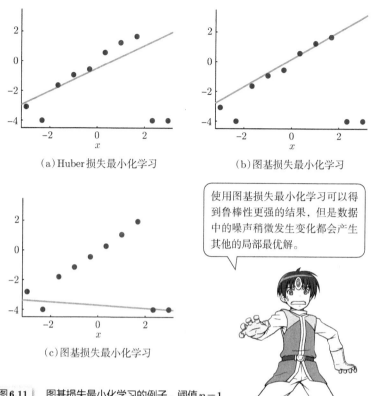

（a）Huber 损失最小化学习　　　（b）图基损失最小化学习

（c）图基损失最小化学习

使用图基损失最小化学习可以得
到鲁棒性更强的结果，但是数据
中的噪声稍微发生变化都会产生
其他的局部最优解。

图6.11　图基损失最小化学习的例子。阈值 $\eta = 1$

6.4　ℓ_1 约束的 Huber 损失最小化学习

第5章中介绍了 ℓ_1 约束的稀疏学习法，本章介绍了鲁棒学习法。这两种算法是相互独立的，都是对最小二乘法进行扩展得到的，把它们组合在一起，也可以形成新的算法。从本节开始，将介绍稀疏学习中的鲁棒学习法。首先来看 ℓ_1 约束 Huber 损失最小化学习。

$$\min_{\boldsymbol{\theta}} \sum_{i=1}^{n} \rho_{\text{Huber}}(r_i) \ \text{约束条件} \ \|\boldsymbol{\theta}\|_1 \leqslant R$$

正如5.2节中介绍的那样，ℓ_1 约束的最小二乘学习的解是通过一般化 ℓ_2 约束的最小二乘学习的反复迭代而求得的。另外，如6.2节中所介绍的那样，Huber 损失最小化学习的解是通过加权最小二乘学习法的反复迭代而求得的。也就是说，它们的求解方法都是最小二乘法的反复迭代，因此，把它们优化组合在一起，可以得到更好的效果。图6.12表示的是ℓ_1约束的Huber损失最小化学习的算法流程。

❶ 给$\boldsymbol{\theta}$以适当的初始值(例如，在通常的最小二乘学习中，$\boldsymbol{\theta} \leftarrow (\boldsymbol{\Phi}^\top \boldsymbol{\Phi})^\dagger \boldsymbol{\Phi}^\top \boldsymbol{y}$。

❷ 通过现在的解$\boldsymbol{\theta}$来计算权重矩阵$\boldsymbol{W}$和矩阵$\boldsymbol{\Theta}$。

$$\boldsymbol{W} \leftarrow \mathrm{diag}(w_1, \cdots, w_n), \quad \boldsymbol{\Theta} \leftarrow \mathrm{diag}(|\theta_1|, \cdots, |\theta_b|)$$

其中，权重w_i使用残差$r_i = f_{\boldsymbol{\theta}}(\boldsymbol{x}_i) - y_i$由下式加以定义。

$$w_i = \begin{cases} 1 & (|r_i| \leqslant \eta) \\ \eta/|r_i| & (|r_i| > \eta) \end{cases}$$

❸ 使用权重矩阵$\boldsymbol{W}$和矩阵$\boldsymbol{\Theta}$来计算解$\boldsymbol{\theta}$。

$$\boldsymbol{\theta} \leftarrow (\boldsymbol{\Phi}^\top W \boldsymbol{\Phi} + \lambda \boldsymbol{\Theta}^\dagger)^{-1} \boldsymbol{\Phi}^\top W \boldsymbol{y}$$

❹ 直到解$\boldsymbol{\theta}$达到收敛精度为止，重复上述❷、❸步的计算。

图6.12 ℓ_1约束的Huber损失最小化学习的迭代解法

图6.13表示的是对高斯核模型

$$f_{\boldsymbol{\theta}}(\boldsymbol{x}) = \sum_{j=1}^{n} \theta_j K(\boldsymbol{x}, \boldsymbol{x}_j), \quad K(\boldsymbol{x}, \boldsymbol{c}) = \exp\left(-\frac{\|\boldsymbol{x} - \boldsymbol{c}\|^2}{2h^2}\right)$$

进行ℓ_1约束的Huber损失最小化学习的例子。高斯核函数的带宽h为0.3。在这个例子中，由于ℓ_2损失最小化二乘学习在数值上是不稳定的，于是在矩阵$\boldsymbol{K}^\wedge \boldsymbol{TWK}$的对角成分中加入数值$10^{-6}$以使其稳定。$\ell_2$损失最小二乘学习中，不论是否存在$\ell_1$约束，结果都很容易受到$x = 0$附近的异常值的影响；另一方面，Huber损失最小化学习中，不论是否存在ℓ_1约束，都可以对其影响进行很好地抑制。ℓ_2损失最小化学习和Huber损失最小化学习中50个参数全部是非零数值，ℓ_1约束的ℓ_2损失最小化二乘学习的50个参数中有38个为零，ℓ_1约束的Huber损失最小化学习的50个参数中有36个为零。图6.14是这个例子的MATLAB程序源代码。

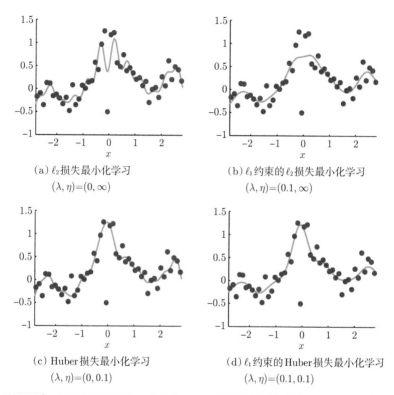

(a) ℓ_2损失最小化学习
$(\lambda, \eta)=(0, \infty)$

(b) ℓ_1约束的ℓ_2损失最小化学习
$(\lambda, \eta)=(0.1, \infty)$

(c) Huber损失最小化学习
$(\lambda, \eta)=(0, 0.1)$

(d) ℓ_1约束的Huber损失最小化学习
$(\lambda, \eta)=(0.1, 0.1)$

图6.13 对高斯核模型进行ℓ_1约束的Huber损失最小化学习的例子。高斯核模型的带宽h为0.3

```
n=50; N=1000; x=linspace(-3,3,n)'; X=linspace(-3,3,N)';
pix=pi*x; y=sin(pix)./(pix)+0.1*x+0.2*randn(n,1);
y(n/2)=-0.5;

hh=2*0.3^2; l=0.1; e=0.1; t0=randn(n,1); x2=x.^2;
k=exp(-(repmat(x2,1,n)+repmat(x2',n,1)-2*x*x')/hh);
for o=1:1000
  r=abs(k*t0-y); w=ones(n,1); w(r>e)=e./r(r>e);
  Z=k*(repmat(w,1,n).*k)+l*pinv(diag(abs(t0)));
  t=(Z+0.000001*eye(n))\(k*(w.*y));
  if norm(t-t0)<0.001, break, end
  t0=t;
end
K=exp(-(repmat(X.^2,1,n)+repmat(x2',N,1)-2*X*x')/hh);
F=K*t;

figure(1); clf; hold on; axis([-2.8 2.8 -1 1.5]);
plot(X,F,'g-'); plot(x,y,'bo');
```

图6.14 对高斯核模型进行 ℓ_1 约束的 Huber 损失最小化学习的 MATLAB 程序源代码

第III部分 有监督分类

在本书的第III部分，将介绍各种有关模式识别的算法。模式识别是指，对于输入的模式 $x \in \mathbb{R}^d$，将其分类到它所属的类别 $y \in \{1, \cdots, c\}$ 的方法。c 表示的是类别的数目。

在接下来的第7章，将介绍基于最小二乘法的模式识别方法。第8章将介绍基于间隔最大化原理的支持向量机分类器，并对其与最小二乘法的关系以及向鲁棒分类的扩展方法进行说明。第9章将介绍把若干个弱分类器充分组合来生成一个强分类器的集成学习。第10章将介绍基于概率的Logistic回归和最小二乘概率分类器两种方法。第11章将介绍对字符串等数据的处理十分有效的条件随机场模型。

基于最小二乘法
的分类

本章将介绍使用第3章中作为回归算法引入的最小二乘学习来进行模式识别的方法。

7.1 最小二乘分类

首先来考虑2类别分类问题 $y \in \{+1, -1\}$。在这种情况下，分类器的学习问题可以近似地定义为取值为 $+1$ 或 -1 的二值函数问题（图7.1）。像这样的二值函数，可以使用最小二乘法，进行与回归算法相同的学习。

$$\widehat{\boldsymbol{\theta}} = \underset{\boldsymbol{\theta}}{\operatorname{argmin}} \frac{1}{2} \sum_{i=1}^{n} \left(f_{\boldsymbol{\theta}}(\boldsymbol{x}_i) - y_i \right)^2$$

测试模式 $\boldsymbol{x}$ 所对应的类别 y 的预测值 $\widehat{y}$，是由学习后的输出结果的符号决定的。

$$\widehat{y} = \operatorname{sign}\left(f_{\widehat{\boldsymbol{\theta}}}(\boldsymbol{x}) \right) = \begin{cases} +1 & (f_{\widehat{\boldsymbol{\theta}}}(\boldsymbol{x}) > 0) \\ 0 & (f_{\widehat{\boldsymbol{\theta}}}(\boldsymbol{x}) = 0) \\ -1 & (f_{\widehat{\boldsymbol{\theta}}}(\boldsymbol{x}) < 0) \end{cases} \tag{7.1}$$

另外，$f_{\widehat{\boldsymbol{\theta}}}(\boldsymbol{x}) = 0$ 是指实际上不怎么会发生的事件，即小概率事件。

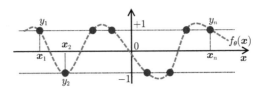

图7.1 函数近似的分类问题

像这样，把分类问题看成函数的近似问题，通过在分类器的构造中应用最小二乘法，就可以对第4章、第5章、第6章中介绍的最小二乘学习法进行扩展并灵活应用了。

图7.2表示的是对高斯核模型

$$f_{\boldsymbol{\theta}}(\boldsymbol{x}) = \sum_{j=1}^{n} \theta_j K(\boldsymbol{x}, \boldsymbol{x}_j), \quad K(\boldsymbol{x}, \boldsymbol{c}) = \exp\left(-\frac{\|\boldsymbol{x} - \boldsymbol{c}\|^2}{2h^2}\right)$$

使用ℓ_2约束的最小二乘学习进行模式识别的例子。在这个例子里，特别复杂的数据也得到了很好的分类。图7.3是这个例子的MATLAB程序源代码。

在这里，利用输入为线性的模型

$$f_{\boldsymbol{\theta}}(\boldsymbol{x}) = \boldsymbol{\theta}^{\top} \boldsymbol{x}$$

把训练输出y_i由$\{+1, -1\}$改为$\{+1/n_+, -1/n_-\}$。其中n_+和n_-分别代表正训练样本和负训练样本的个数。通过这样的设定，使用最小二乘学习进行模式识别，与线性判别分析算法[①]就是一致的。在线性判别

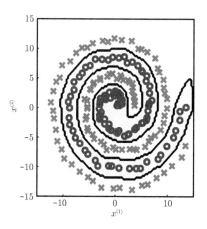

图7.2 对高斯核模型使用ℓ_2约束的最小二乘学习进行模式识别的例子。正样本与负样本的分界线用实线表示

---

① 也称为Fisher线性判别（Fisher Linear Discriminant Analysis，简称为FLDA或LDA）。——译者注

分析中，当正负两类样本的模式都服从协方差矩阵相同的高斯分布时，可以获得最佳的泛化能力（图7.4）。

```
n=200; a=linspace(0,4*pi,n/2);
u=[a.*cos(a)  (a+pi).*cos(a)]'+1*rand(n,1);
v=[a.*sin(a)  (a+pi).*sin(a)]'+1*rand(n,1);
x=[u v]; y=[ones(1,n/2) -ones(1,n/2)]';

x2=sum(x.^2,2); hh=2*1^2; l=0.01;
k=exp(-(repmat(x2,1,n)+repmat(x2',n,1)-2*x*x')/hh);
t=(k^2+l*eye(n))\(k*y);

m=100; X=linspace(-15,15,m)'; X2=X.^2;
U=exp(-(repmat(u.^2,1,m)+repmat(X2',n,1)-2*u*X')/hh);
V=exp(-(repmat(v.^2,1,m)+repmat(X2',n,1)-2*v*X')/hh);
figure(1); clf; hold on; axis([-15 15 -15 15]);
contourf(X,X,sign(V'*(U.*repmat(t,1,m))));
plot(x(y==1,1),x(y==1,2),'bo');
plot(x(y==-1,1),x(y==-1,2),'rx');
colormap([1 0.7 1; 0.7 1 1]);
```

图7.3 对高斯核模型使用 ℓ_2 约束的最小二乘学习进行模式识别的MATLAB程序源代码

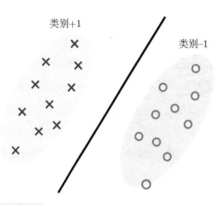

类别+1

类别-1

线性判别分析中，当正负两类样本的模式都服从协方差矩阵相同的高斯分布时，可以获得最佳的泛化能力。

图7.4 线性判别分析

7.2 0/1损失和间隔

如式(7.1)所示,分类问题中使用函数的正负符号来进行模式判断,函数值本身的大小并不是那么重要。因此,分类问题中如果应用如下式所示的0/1损失的话,应该会比ℓ_2损失得到更好的效果。

$$\frac{1}{2}\Big(1 - \text{sign}(f_{\boldsymbol{\theta}}(\boldsymbol{x})y)\Big)$$

上式的0/1损失与下式是等价的。

$$\delta\Big(\text{sign}(f_{\boldsymbol{\theta}}(\boldsymbol{x})) \neq y\Big) = \begin{cases} 1 & (\text{sign}(f_{\boldsymbol{\theta}}(\boldsymbol{x})) \neq y) \\ 0 & (\text{sign}(f_{\boldsymbol{\theta}}(\boldsymbol{x})) = y) \end{cases}$$

当分类错误的时候,函数结果为1;当分类正确的时候,函数结果为0。因此0/1损失可以用来对错误分类的样本个数进行统计。

图7.5表示的是$m = f_{\boldsymbol{\theta}}(\boldsymbol{x})y$函数的0/1损失的例子。在0/1损失函数中,当$m > 0$的时候,损失为0;当$m \leqslant 0$的时候,损失为1。$m > 0$的时候$f_{\boldsymbol{\theta}}(\boldsymbol{x})$和$y$的符号是相同的,即与正确的样本分类相对应。反之$m \leqslant 0$的时候则与错误的样本分类相对应。0/1损失函数并不依赖于m值的大小,即使m是非常小的数值,只要其为正值,损失就为0。而只要m是零以下的数值,损失就都为1。所以m应该尽可能地取为较大的数值,这样学习结果就会更加稳定。$m_i = f_{\boldsymbol{\theta}}(\boldsymbol{x}_i)y_i$表示的是顺序为$i$的训练样本的间隔。

如图7.5所示,0/1损失并不仅限于函数值为0或1的二值函数。因此,对于非常复杂的模型$f_{\boldsymbol{\theta}}(\boldsymbol{x})$的0/1损失最小化学习

$$\min_{\boldsymbol{\theta}} \frac{1}{2} \sum_{i=1}^{n} \Big(1 - \text{sign}(f_{\boldsymbol{\theta}}(\boldsymbol{x}_i)y_i)\Big)$$

与将n个训练样本分属于$+1$或-1类别的离散最优化问题,在本质上是等价的。这是一个候补解有2^n个的最优化问题,由于其解的个数相对于训练样本数n是呈指数级增长的,所以当n特别大的时候,对其求

解是相当困难的。另外，即使将错误分类的训练样本数设置为零，但是因为损失函数的导数为零其并不是损失函数，所以一般也并不能确定 $\boldsymbol{\theta}$ 的最优值。

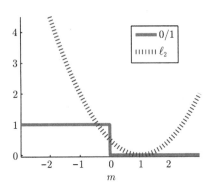

图7.5 间隔函数 $m = f_{\boldsymbol{\theta}}(\boldsymbol{x})y$ 的0/1损失和 ℓ_2 损失

在本书第2部分所介绍的回归问题中，都会使用 ℓ_2 损失对学习能力和泛化能力做出相应的评估，这是一般的标准做法。然而在分类问题中，像上述那样将用来评估泛化能力的0/1损失直接用于学习的话，从计算量上来说是相当困难的。因此，在实际应用中一般使用代理损失来进行计算。ℓ_2 损失是相对于0/1损失的一种代理损失。在下一章节中将会对各种类型的代理损失做详细介绍。

因为有 $y \in \{+1, -1\}$，因此 $y^2 = 1$ 和 $1/y = y$ 也是成立的。通过这样的变换，ℓ_2 损失就可以不使用残差 $r = f_{\boldsymbol{\theta}}(\boldsymbol{x}) - y$，而使用间隔 $m = f_{\boldsymbol{\theta}}(\boldsymbol{x})y$ 来表示。

$$r^2 = \Big(y - f_{\boldsymbol{\theta}}(\boldsymbol{x})\Big)^2 = y^2\Big(1 - f_{\boldsymbol{\theta}}(\boldsymbol{x})/y\Big)^2 = \Big(1 - f_{\boldsymbol{\theta}}(\boldsymbol{x})y\Big)^2 = \Big(1 - m\Big)^2$$

图7.5表示的是用间隔 m 的函数来表示 ℓ_2 损失的例子。当 $m < 1$ 时，损失为正，但是 m 函数中的 m 值有倾向于负数的可能。因此，与0/1损失不同的是，ℓ_2 损失具有值越小越容易学习的特点。然而，当 $m > 1$ 时，ℓ_2 损失也为正，m 函数的 m 值也有倾向于正的趋势。即当 $m > 1$ 时，如果间隔变小，就有与 $m = 1$ 相接近的趋势。

即使当$m=1$的时候也可以正确地进行分类，这看起来好像没有问题。但是，在对图7.6的数据进行最小二乘学习的时候，即便从原理上来讲所有的训练样本都能够得到正确的分类，最终也不会得到最优解。之所以产生这样的结果，是因为当$m>1$的时候，二乘损失有倾向于正的可能。

作为0/1损失的代理损失，比较理想的是间隔m的函数单调非增函数，且当间隔为零的时候其微分为负，也就是说，当$m=0$的时候，函数的走势是朝向右下方的（图7.7）。如果当$m=0$的时候其微分为负的话，负的间隔会有朝向正方向的趋势。因此，对于不能正确分类的样本，也可以朝着能够正确分类的方向进行学习。虽然ℓ_2损失在$m=0$时走势是朝右下方的，但是在$m>1$的时候，损失是增加的，所以函数全体并不是单调非增函数。

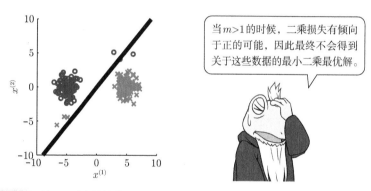

当$m>1$的时候，二乘损失有倾向于正的可能，因此最终不会得到关于这些数据的最小二乘最优解。

图7.6　输入函数为线性模型的最小二乘学习的例子

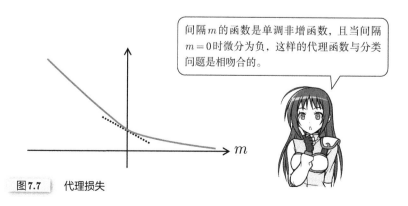

间隔m的函数是单调非增函数，且当间隔$m=0$时微分为负，这样的代理函数与分类问题是相吻合的。

图7.7　代理损失

从下一章开始，本书将引入适用于模式识别的各种类型的代理损失，并详细介绍其具体的学习算法。图7.8对这些损失函数进行了归纳。Hinge损失与第8章中介绍的支持向量机分类器相对应，Ramp损失是鲁棒学习的扩展（8.6节），指数损失与第9章中介绍的Boosting分类器相对应，Logistic损失与第10章中介绍的Logistic回归相对应。

7.3 多类别的情形

到现在为止，我们介绍的都是只有2类别[①]的模式识别问题。然而在实际应用中，类别往往不仅仅只有2个，比如字母的手写识别需要26个类别，而汉字的识别更是需要成百上千个类别。多类别的模式识别问题的直接解决方案将在第10章中做详细介绍，本节将介绍两种利用2类别的模式识别算法解决多类别问题的方法。

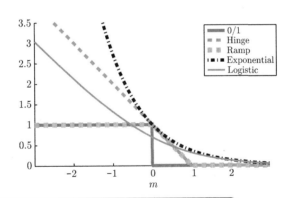

Hinge是Hinge损失，Ramp是Ramp损失，Exponential是指数损失，Logistic是Logistic损失。

图7.8 与模式识别相对应的各种类型的损失函数

---

① 即正或负，是或非等，像这样的两种相对立的类别这里称为2类别。——译者注

第一个方法是一对多法（图7.9）。该方法首先解决2类别的分类问题，对于所有的与$y = 1, \cdots, c$相对应的类别，设其标签为$+1$；而对于剩余的y以外的所有类别，则设其标签为-1。在对样本$\boldsymbol{x}$进行分类时，利用从各个2类别分类问题中得到的c个识别函数$\widehat{f}_1(\boldsymbol{x}), \cdots, \widehat{f}_c(\boldsymbol{x})$对训练样本进行预测，并计算其函数值，其预测类别$\widehat{y}$即为函数值最大时所对应的那一类。

$$\widehat{y} = \underset{y=1,\cdots,c}{\operatorname{argmax}} \widehat{f}_y(\boldsymbol{x})$$

即在一对多法中，从各个2类别的分类问题中训练得到的c个识别函数$\widehat{f}_1(\boldsymbol{x}), \cdots, \widehat{f}_c(\boldsymbol{x})$的输出，表示的是测试样本$\boldsymbol{x}$属于类别$y$的概率，概率最大的那一个即是测试样本$\boldsymbol{x}$所属的类别。

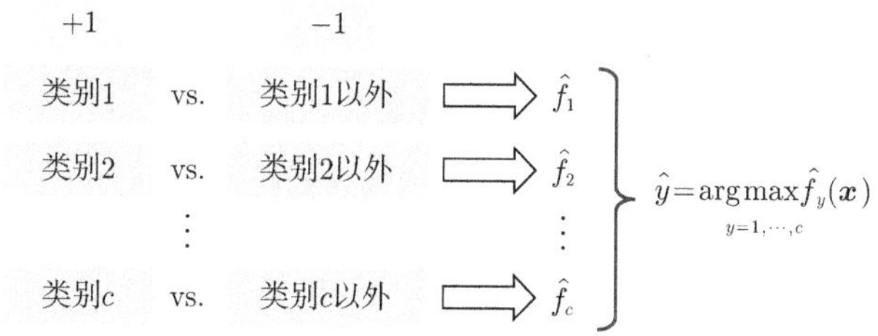

图7.9　使用一对多法进行分类

第二个方法是一对一法（图7.10）。在这种方法中，首先，对于所有的与$y, y' = 1, \cdots, c$相对应的类别，在任意两类之间训练一个分类器，属于类别y的标签设为$+1$，属于类别y'的标签设为-1，通过这样的方式利用2类别的分类算法来求解。在对样本$\boldsymbol{x}$进行分类时，利用从各个2类别分类问题中得到的$c(c-1)/2$个识别函数$\{\widehat{f}_{y,y'}(\boldsymbol{x})\}_{y<y'}$对训练样本进行预测，再用投票法决定其最终类别。

$$\operatorname{sign}\left(\widehat{f}_{y,y'}(\boldsymbol{x})\right) = \begin{cases} +1 & \Rightarrow \text{投票给类别}y \\ 0 & \Rightarrow \text{不给任何类别投票} \\ -1 & \Rightarrow \text{投票给类别}y' \end{cases}$$

得票数最多的类别就是样本$\boldsymbol{x}$所属的类别。

	类别1	类别2	类别3	$\cdots$	类别c
类别1		$\widehat{f}_{1,2}$	$\widehat{f}_{1,3}$	$\cdots$	$\widehat{f}_{1,c}$
类别2			$\widehat{f}_{2,3}$	$\cdots$	$\widehat{f}_{2,c}$
类别3				$\cdots$	$\widehat{f}_{3,c}$
$\vdots$					$\vdots$
类别c					

图7.10 使用一对一法进行分类

在一对多法中，对2类别问题进行c次求解即可，而一对一法则需要进行$c(c-1)/2$次求解。另一方面，在一对一法中，对于每个2类别分类器，只需2类的训练样本即可完成训练、学习；而在一对多法中，对于每个2类别分类器，需要所有类别的训练样本都参与才能够完成。由于一对多法中"其他"类别的训练样本数往往有很多，因此存在2类别分类问题的训练样本数难以达到均衡的问题。

另外，在一对一法中，比如当$c = 3$的时候，

$$\text{sign}\left(\widehat{f}_{1,2}(\boldsymbol{x})\right) = +1 \Rightarrow 给类别1投票$$

$$\text{sign}\left(\widehat{f}_{2,3}(\boldsymbol{x})\right) = +1 \Rightarrow 给类别2投票$$

$$\text{sign}\left(\widehat{f}_{1,3}(\boldsymbol{x})\right) = -1 \Rightarrow 给类别3投票$$

可能会发生上述那样依次给各个类别投票的现象。在这样的情况下，依靠单纯的投票并不能决定样本$\boldsymbol{x}$所属的类别。例如，虽然也可以依据分类结果的概率，以加权的方式进行投票等，但是采取什么样的方式投票最佳则并不明确。综上所述，通过2类别分类问题的组合方式来求解多类问题的一对多和一对一这两种方法，各有其优缺点。

再举个其他的例子。例如应用也相当广泛的纠错输出编码，利用纠错码对各个类别以10011和01010的形式等进行编码，并通过2类别分类器对各个字节进行预测。然而，应用这个方法需要对纠错码进行恰当的设计，这也不是一件容易的事情。

另一方面，虽然第10章中将介绍多类别问题的直接求解算法，但并不是说对多类别问题直接进行求解一定是最好的选择。为什么这么说呢？因为与通过2类别分类问题间接求解相比，直接求解的计算一般更为困难。因此，在实际应用中，应该依据项目本身的情况和目的，选择适宜的算法。

支持向量机分类

第 7 章的内容说明了利用最小二乘学习法也可以进行模式识别。然而，虽然与错误分类率对应的 0/1 损失的间隔函数是单调非增的，但是 ℓ_2 损失并不是单调非增的，所以使用最小二乘学习法进行模式识别还是有些不自然。本章将介绍一个专门用于模式识别的机器学习算法——支持向量机分类器。另外，本章也将介绍支持向量机分类器中所使用的适合模式识别的损失概念，以及支持向量机分类器向鲁棒学习进行扩展的方法。

8.1 间隔最大化分类

本节将对基于间隔最大化原理的支持向量机分类器这一模式识别算法做详细讲解。

首先从线性的 2 类别分类问题进行说明。

$$f_{\boldsymbol{w},\gamma}(\boldsymbol{x}) = \boldsymbol{w}^\top \boldsymbol{x} + \gamma \tag{8.1}$$

上式中的 $\boldsymbol{w}$ 为把正样本与负样本隔离开的超平面的法线，γ 为截距[①]（图 8.1）。只要能够对各个训练样本的间隔 $m_i = f_{w,\gamma}(\boldsymbol{x}_i)y_i$ 为正时的 $\boldsymbol{w}$ 和 γ 进行学习，就可以利用这个模型对所有的训练样本 $\{(\boldsymbol{x}_i, y_i)\}_{i=1}^n$ 进行正确的分类了。

$$\left(\boldsymbol{w}^\top \boldsymbol{x}_i + \gamma\right) y_i > 0, \forall i = 1, \cdots, n$$

像 $\left(\boldsymbol{w}^\top \boldsymbol{x}_i + \gamma\right) y_i > 0$ 这样的没有等号的开集约束条件，在数学上可能比较难以处理，所以这里利用参数 $\boldsymbol{w}$ 和 γ 的值可以任意决定的性质，

---

① 表示超平面到原点的距离。——译者注

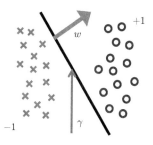

图8.1 线性分类器 $f_{w,\gamma}(x) = w^\top x + \gamma$。$w$ 为分类超平面的法线，γ 为截距

将其变换为 $(w^\top x_i + \gamma)y_i \geqslant 1$ 这样的包含等号的闭集约束条件。

$$\left(w^\top x_i + \gamma\right) y_i \geqslant 1, \forall i = 1, \cdots, n$$

当存在满足这样的条件的 w 和 γ 时，我们称这样的训练样本为线性可分的样本。对于线性可分的训练样本，可以把所有的训练样本都正确分类的解有无数个。这里一般选取能够最充裕地把正样本和负样本进行分离的超平面作为最优解。这个最充裕的概念，是与正则化后的间隔 $m_i = (w^\top x_i + \gamma)y_i / \|w\|$ 的最大值相对应的（图8.2）。

$$\max \left\{ \frac{(w^\top x_i + \gamma) y_i}{\|w\|} \right\}_{i=1}^n = \frac{1}{\|w\|}$$

从几何学上来讲，间隔为两端的两个超平面 $w^\top x + \gamma = +1$ 和 $w^\top x + \gamma = -1$ 的间距的一半（图8.3）。使这个间隔最大（间隔的倒数的平方最小）的超平面所对应的分类器，称为硬间隔支持向量机分类器。

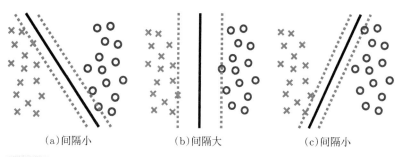

(a)间隔小　　　　　(b)间隔大　　　　　(c)间隔小

图8.2 所有样本都得到了正确的线性分类的超平面

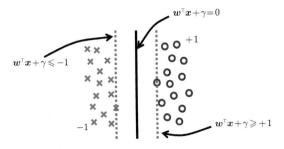

图8.3 硬间隔支持向量机分类器的分类超平面，从正样本与负样本的中间通过，对任意的正样本 $\boldsymbol{x}_+$ 都有 $\boldsymbol{w}^\top \boldsymbol{x}_+ + \gamma \geqslant +1$，对任意的负样本 $\boldsymbol{x}_-$ 都有 $\boldsymbol{w}^\top \boldsymbol{x}_- + \gamma \leqslant -1$

$$\min_{\boldsymbol{w}, \gamma} \frac{1}{2} \|\boldsymbol{w}\|^2 \quad \text{约束条件 } (\boldsymbol{w}^\top \boldsymbol{x}_i + \gamma) y_i \geqslant 1, \ \forall i = 1, \cdots, n$$

硬间隔支持向量机分类器假定训练样本是线性可分的。但是在实际应用中，这样的情形并不多见，大部分情况下训练样本都是线性不可分的。因此，下面将介绍与这个假定相对应的软间隔支持向量机分类器。

软间隔支持向量机分类器的基本思路是，允许在间隔的计算中出现少许的误差 $\boldsymbol{\xi} = (\xi_1, \cdots, \xi_n)^\top$[1]（图8.4）。

$$\min_{\boldsymbol{w}, \gamma, \boldsymbol{\xi}} \left[\frac{1}{2} \|\boldsymbol{w}\|^2 + C \sum_{i=1}^{n} \xi_i \right] \tag{8.2}$$
$$\text{约束条件 } (\boldsymbol{w}^\top \boldsymbol{x}_i + \gamma) y_i \geqslant 1 - \xi_i, \ \xi_i \geqslant 0, \forall i = 1, \cdots, n$$

$C > 0$ 是调整误差允许范围的参数[2]。C 越大，$\sum_{i=1}^{n} \xi_i$ 越接近于零，软间隔支持向量机分类器越接近于硬间隔支持向量机分类器。

在本章的以下部分，将把软间隔支持向量机分类器统一简称为支持向量机分类器。

---

① 松弛变量。——译者注
② 惩罚系数。——译者注

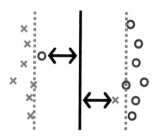

图8.4 软间隔支持向量机分类器允许间隔的计算有少量的误差

8.2 支持向量机分类器的求解方法

支持向量机分类器的最优化问题(图8.2),是目标函数为二次函数、约束条件为线性的典型的二次规划问题(图8.5)。鉴于目前已经开发出了很多求解二次规划问题的优秀算法,因此可以使用这些算法对支持向量机分类器进行求解。

最原始的d维线性分类器(8.1)中只包含$d+1$个$\boldsymbol{w}$和γ变量,而最优化问题(8.2)中除$\boldsymbol{w}$和γ以外,还必须对松弛变量$\boldsymbol{\xi}$进行求解。因此,需要最优化的变量就增加为了$d+n+1$个,计算时间也会相应地有所增加。

二次规划问题,是与矩阵$\boldsymbol{F}$、$\boldsymbol{G}$以及向量$\boldsymbol{f}$、$\boldsymbol{g}$相对应的由下式定义的最优化问题。

$$\min_{\boldsymbol{\theta}} \left[\frac{1}{2}\boldsymbol{\theta}^\top \boldsymbol{F}\boldsymbol{\theta} + f^\top \boldsymbol{\theta} \right] \quad \text{约束条件} \quad \boldsymbol{G}\boldsymbol{\theta} \leqslant \boldsymbol{g}$$

这里把向量不等式$\boldsymbol{G}\boldsymbol{\theta} \leqslant \boldsymbol{g}$分解,表示为各个元素的不等式。

$$\begin{pmatrix} a \\ b \end{pmatrix} \leqslant \begin{pmatrix} c \\ d \end{pmatrix} \Longleftrightarrow \begin{cases} a \leqslant c \\ b \leqslant d \end{cases}$$

假定矩阵$\boldsymbol{F}$是正定值(即所有的固有值都为正),当条件不充分,数值不稳定的时候,为$\boldsymbol{F}$的对角元素加上一个特别小的正值,从而使其稳定性得以提高。

图8.5 二次规划问题

接下来，导入拉格朗日变量

$$
\begin{aligned}
& L(\boldsymbol{w}, \gamma, \boldsymbol{\xi}, \boldsymbol{\alpha}, \boldsymbol{\beta}) \\
& = \frac{1}{2}\|\boldsymbol{w}\|^2 + C\sum_{i=1}^{n}\xi_i - \sum_{i=1}^{n}\alpha_i\left((\boldsymbol{w}^\top\boldsymbol{x}_i + \gamma)y_i - 1 + \xi_i\right) - \sum_{i=1}^{n}\beta_i\xi_i
\end{aligned}
$$

并考虑其最优化问题(8.2)的等价表现形式，即拉格朗日对偶问题(图4.5)。

$$
\max_{\boldsymbol{\alpha},\boldsymbol{\beta}}\ \inf_{\boldsymbol{w},\gamma,\boldsymbol{\xi}}\ L(\boldsymbol{w}, \gamma, \boldsymbol{\xi}, \boldsymbol{\alpha}, \boldsymbol{\beta})\ \ \text{约束条件}\ \boldsymbol{\alpha} \geqslant \mathbf{0},\ \boldsymbol{\beta} \geqslant \mathbf{0}
$$

根据 $\inf_{\boldsymbol{w},\gamma,\boldsymbol{\xi}}L(\boldsymbol{w}, \gamma, \boldsymbol{\xi}, \boldsymbol{\alpha}, \boldsymbol{\beta})$ 的最优条件，可得

$$
\frac{\partial L}{\partial \boldsymbol{w}} = 0 \implies \boldsymbol{w} = \sum_{i=1}^{n}\alpha_i y_i \boldsymbol{x}_i
$$

$$
\frac{\partial L}{\partial \gamma} = 0 \implies \sum_{i=1}^{n}\alpha_i y_i = 0
$$

$$
\frac{\partial L}{\partial \xi_i} = 0 \implies \alpha_i + \beta_i = C, \forall i = 1, \cdots, n
$$

引入变量 $\boldsymbol{\alpha}$，把 $\boldsymbol{w}$ 以 $\boldsymbol{w} = \sum_{i=1}^{n}\alpha_i y_i \boldsymbol{x}_i$ 的形式表示；引入变量 $\boldsymbol{\beta}$，使得 $\alpha_i + \beta_i = C$。然后，把 $\alpha_i + \beta_i = C$ 代入拉格朗日函数，就可以把松弛变量 $\boldsymbol{\xi}$ 消去了。

综合以上步骤，拉格朗日对偶问题就可以用下式表示。

$$
\widehat{\boldsymbol{\alpha}} = \operatorname*{argmax}_{\boldsymbol{\alpha}}\left[\sum_{i=1}^{n}\alpha_i - \frac{1}{2}\sum_{i,j=1}^{n}\alpha_i\alpha_j y_i y_j \boldsymbol{x}_i^\top\boldsymbol{x}_j\right]
$$

$$
\text{约束条件}\ \sum_{i=1}^{n}\alpha_i y_i = 0,\ 0 \leqslant \alpha_i \leqslant C\ \ \text{对于}\ i = 1, \cdots, n
$$

这个最优化问题，利用只有 n 个最优变量的二次规划问题，实现了比原始的最优化问题(8.2)更为高效的求解过程。这个解如果用 $\widehat{\boldsymbol{\alpha}}$ 来表示的话，支持向量机分类器的解 $\widehat{\boldsymbol{w}}$ 即为

$$\widehat{\boldsymbol{w}} = \sum_{i=1}^{n} \widehat{\alpha}_i y_i \boldsymbol{x}_i$$

截距的解 $\widehat{\gamma}$，可以使用满足条件 $0 < \widehat{\alpha}_i < C$ 的 $\boldsymbol{x}_i$ 来表示，如下式所示。

$$\widehat{\gamma} = y_i - \sum_{j:\widehat{\alpha}_i > 0} \widehat{\alpha}_j y_j \boldsymbol{x}_i^{\top} \boldsymbol{x}_j \tag{8.3}$$

对于上面的求解过程，在8.3节中有详细说明。另外，在考虑没有截距的模型（即 $\gamma = 0$）的情况下，对偶最优化问题的约束条件 $\sum_{i=1}^{n} \alpha_i y_i = 0$，是不需要的。

本节主要介绍了基于二次规划的拉格朗日对偶问题的支持向量机分类器的求解方法。近些年来，关于如何高效地求解支持向量机分类器的研究非常热门，出现了很多能够对大规模数据进行快速求解的优秀软件，例如支持向量机（SVM）。

对于无法使用最小二乘学习很好地进行分类的图7.6中的数据，图8.6表示了对其使用支持向量机分类器进行分类的结果。通过这个例子我们可以看到，支持向量机分类器对数据进行了完美的分类。另外，

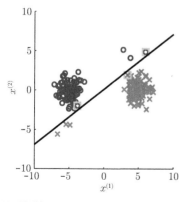

在200个对偶参数 $\{\alpha_i\}_{i=1}^{n}$ 中，有197个变为了零，只有用正方形方框圈起来的3个样本的参数值为非零数值。

图8.6 线性支持向量机分类器的运用实例

在这个例子中，在200个对偶参数 $\{\alpha_i\}_{i=1}^n$ 中，有197个变为了零，只有用正方形方框圈起来的3个样本，其参数值为非零数值。也就是说，$\{\alpha_i\}_{i=1}^n$ 的解为稀疏解。为什么能得到这样的结果呢？下节将对此做详细讲解。

8.3 稀疏性

第5章中介绍了使用 ℓ_1 约束得出的解为稀疏解，但是如图8.6所示，用支持向量机分类器对对偶解进行求解时，即使没有使用 ℓ_1 约束，也得到了倾向于稀疏的解。

为了对此进行说明，我们首先来看对偶解 $\hat{\alpha}$ 的最优条件，即 Karush–Kuhn–Tucker 条件[1]（图8.7）。对偶变量和约束条件应该满足如下的互补条件。

$$\alpha_i(m_i - 1 + \xi_i) = 0, \quad \beta_i \xi_i = 0, \quad \forall i = 1, \cdots, n$$

可微分的凸函数 $f : \mathbb{R}^d \to \mathbb{R}$ 和 $\boldsymbol{g} : \mathbb{R}^d \to \mathbb{R}^p$ 的约束条件的最小化问题

$$\min_{\boldsymbol{t}} \ f(\boldsymbol{t}) \quad \text{约束条件} \quad \boldsymbol{g}(\boldsymbol{t}) \leqslant \boldsymbol{0}$$

的解，满足如下的 Karush–Kuhn–Tucker 最优化条件。

$$\frac{\partial L}{\partial \boldsymbol{t}} = \boldsymbol{0}, \quad \boldsymbol{g}(\boldsymbol{t}) \leqslant \boldsymbol{0}, \quad \boldsymbol{\lambda} \geqslant \boldsymbol{0}, \quad \lambda_i g_i(\boldsymbol{t}) = 0, \quad \forall i = 1, \cdots, n$$

在上式中，$L(\boldsymbol{t}, \boldsymbol{\lambda}) = f(\boldsymbol{t}) + \boldsymbol{\lambda}^\top \boldsymbol{g}(\boldsymbol{t})$ 为拉格朗日函数，$\boldsymbol{\lambda} = (\lambda_1, \cdots, \lambda_p)^\top$ 为拉格朗日乘子。最后的条件式 $\lambda_i g_i(\boldsymbol{t}) = 0$，是指参数 λ_i 和 $g_i(\boldsymbol{t})$ 中至少有一个为零，因此也将其称为互补性条件。

图8.7   Karush–Kuhn–Tucker 最优化条件。经常简称为 **KKT 条件**

---

[1] 有时译为"卡罗需–库恩–塔克条件"。常见的别名有 Kuhn-Tucker、KKT 条件、Karush-Kuhn-Tucker 最优化条件。——译者注

在上式中，$m_i = (\boldsymbol{w}^\top \boldsymbol{x}_i + \gamma) y_i$ 表示的是间隔。另外，根据 $\partial L / \partial \xi_i = 0$，可得

$$\alpha_i + \beta_i = C$$

将上式加以组合，对偶变量 α_i 和间隔 m_i 之间就可以得到如下关系式（图 8.8）。

- 如果 $\alpha_i = 0$，则 $m_i \geqslant 1$
- 如果 $0 < \alpha_i < C$，则 $m_i = 1$
- 如果 $\alpha_i = C$，则 $m_i \leqslant 1$
- 如果 $m_i > 1$，则 $\alpha_i = 0$
- 如果 $m_i < 1$，则 $\alpha_i = C$

也就是说，当 $\alpha_i = 0$ 的时候，训练样本 $\boldsymbol{x}_i$ 位于间隔边界上或边界内侧，可充裕地进行正确分类。当 $0 < \alpha_i < C$ 的时候，$\boldsymbol{x}_i$ 刚好位于间隔边界上，可正确分类。当 $\alpha_i = C$ 的时候，$\boldsymbol{x}_i$ 位于间隔边界上或边界外侧，如果其间隔误差 ξ_i 如果大于 1，则间隔为负，训练样本 $\boldsymbol{x}_i$ 就不能得到正确的分类。另外，如果训练样本 $\boldsymbol{x}_i$ 位于间隔边界内侧，就有 $\alpha_i = 0$；如果位于间隔边界外侧，就有 $\alpha_i = C$。

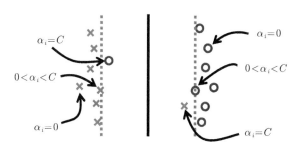

当 $\alpha_i = 0$ 的时候，训练样本 $\boldsymbol{x}_i$ 位于间隔边界上或边界内侧，可充裕地进行正确分类。当 $0 < \alpha_i < C$ 的时候，$\boldsymbol{x}_i$ 刚好位于间隔边界上，可正确分类。当 $\alpha_i = C$ 的时候，$\boldsymbol{x}_i$ 位于间隔边界上或边界外侧，如果其间隔误差 ξ_i 大于 1，间隔为负，训练样本 $\boldsymbol{x}_i$ 就不能得到正确的分类。

图8.8 对偶变量 α_i 和间隔 m_i 的关系

与 $0 < \alpha_i < C$ 相对应的训练样本 $\boldsymbol{x}_i$ 称为支持向量。另外，对于满足 $0 < \alpha_i < C$ 的间隔边界上的支持向量 $\boldsymbol{x}_i$，$m_i = \left(\boldsymbol{w}^\top \boldsymbol{x}_i + \gamma \right) y_i = 1$ 成立，因此其截距满足

$$\gamma = 1/y_i - \boldsymbol{w}^\top \boldsymbol{x}_i = y_i - \boldsymbol{w}^\top \boldsymbol{x}_i, \ \ \forall i : 0 < \alpha_i < C$$

通过以上公式，就可以求得式(8.3)中的截距的解 $\hat{\gamma}$ 了。

8.4 使用核映射的非线性模型

到目前为止，本章介绍了对于线性可分模型(8.1)的支持向量机分类器的学习方法。本节将对支持向量机分类器如何应用于非线性模型进行详细介绍。具体而言，首先使用非线性函数 $\boldsymbol{\psi}$，对训练输入样本 $\{\boldsymbol{x}_i\}_{i=1}^n$ 的特征空间进行描述(图8.9)。然后，对特征空间内的训练输入样本 $\{\boldsymbol{\psi}(\boldsymbol{x}_i)\}_{i=1}^n$，使用线性的支持向量机分类器。通过这种方式得到的特征空间内的线性分类器，在原始的输入空间是非线性分类器。

如果选择比原始的输入维数 d 维数更高的空间作为特征空间，则训练样本为线性可分的可能性就比较高。然而，如果特征空间的维数过大的话，计算时间也会相应增加。

在这种情况下，经常使用核映射的方法。在支持向量机分类器的学习算法中，训练输入样本只存在 $\boldsymbol{x}_i^\top \boldsymbol{x}_j = \langle \boldsymbol{x}_i, \boldsymbol{x}_j \rangle$ 这种内积的形式。同样，

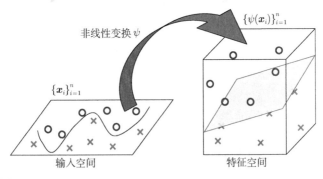

图8.9 利用核映射方法实现非线性的支持向量机分类器

在非线性的支持向量机分类器中，特征空间中的训练输入样本只存在 $\langle \psi(\boldsymbol{x}_i), \psi(\boldsymbol{x}_j) \rangle$ 这种内积的形式。因此，即使对于 $\psi(\boldsymbol{x}_i)$ 和 $\psi(\boldsymbol{x}_j)$ 这样的特征空间的训练输入样本的具体形式并不是特别清晰的情况，只要能计算出其内积 $\langle \psi(\boldsymbol{x}_i), \psi(\boldsymbol{x}_j) \rangle$，也就可以对非线性的支持向量机分类器进行学习了。在这里，直接通过核函数 $K(\boldsymbol{x}, \boldsymbol{x}')$ 定义内积 $\langle \psi(\boldsymbol{x}), \psi(\boldsymbol{x}') \rangle$，而不需要明确地知道特征变换 ψ 是什么的方法，就称为核映射方法。

通过采用核映射方法，如果核函数的值与特征空间的维数无关、相互独立的话，非线性支持向量机的全体学习时间就完全不依赖于特征空间的维数了。像这样的核函数有很多，例如经常使用的多项式核函数

$$K(\boldsymbol{x}, \boldsymbol{x}') = (\boldsymbol{x}^\top \boldsymbol{x}' + c)^p$$

以及高斯核函数

$$K(\boldsymbol{x}, \boldsymbol{x}') = \exp\left(-\frac{\|\boldsymbol{x} - \boldsymbol{x}'\|^2}{2h^2}\right)$$

在上式中，c 是正实数，p 是正整数，h 是正实数。与高斯核函数对应的特征变换 ψ，实际上是无限维的。因此，不能对高斯核函数的特征变换 ψ 进行明确的计算。

图8.10是利用高斯核函数的非线性支持向量机分类器的例子。通过这个例子可以看出，利用非线性的支持向量机分类器，即使非常复杂的数据也得到了正确的分类。

核映射方法的另一个重要特征是，即使输入 $\boldsymbol{x}$ 不是向量，也可以正确地进行分类。实际上，非线性支持向量机分类器只使用核函数 $K(\boldsymbol{x}, \boldsymbol{x}')$ 的值，只要能计算出两个输入 $\boldsymbol{x}$ 和 $\boldsymbol{x}'$ 所对应的核函数的值即可，而不用深究输入 $\boldsymbol{x}$ 到底是什么。目前已经有学者进行了输入样本 $\boldsymbol{x}$ 是字符串、决策树或图表等的核函数的相关研究[8]。

本节所介绍的核映射方法，可以适用于只关注内积的任何算法。例如，可以将其适用于聚类分析（第14章）或降维（第13章），将线性算法轻松地转化为非线性。

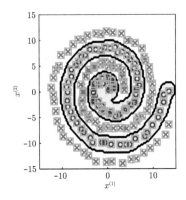

图8.10 高斯核函数的支持向量机分类器的例子

8.5 使用Hinge损失最小化学习来解释

到目前为止，本章通过使用间隔最大化和核映射方法，对支持向量机分类器进行了推导。这样的推导，虽然与第7章中介绍的基于最小二乘学习法的分类器有本质的不同，但是，如果把支持向量机分类器看作最小二乘学习的扩展，在理论上也是解释得通的。本节将从最小二乘学习的观点出发，对支持向量机分类器进行推导。

虽然与错误分类率对应的0/1损失作为间隔$m = f_{\boldsymbol{\theta}}(\boldsymbol{x})y$的函数是单调非增的，但是用于最小二乘学习的$\ell_2$损失并不是单调非增的，所以这样还是有些不自然。这里我们考虑使用如下的Hinge损失作为代理损失（图8.11）。

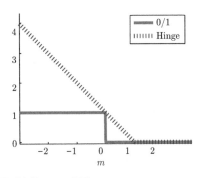

图8.11 分类问题对应的Hinge损失

$$\max\left\{0, 1-m\right\}$$

Hinge损失，当$m \geqslant 1$的时候，与0/1损失相同，其损失为0。另一方面，当$m < 1$的时候，其损失为$1-m > 0$。当其损失为正的时候，与m相关的函数有倾向于负的趋势。Hinge的字面意思是合叶，如图8.11所示，Hinge损失就像是合叶打开了135°，因此便有了这样的名称(图8.12)。使与训练样本相关的Hinge损失达到最小，就是Hinge损失最小化学习。

$$\min_{\boldsymbol{\theta}} = \sum_{i=1}^{n} \max\left\{0, 1-f_{\boldsymbol{\theta}}(\boldsymbol{x}_i)y_i\right\}$$

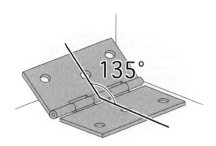

图8.12 Hinge损失$\max\{0, 1-f_{\theta}(\boldsymbol{x})y\}$就像是合叶打开135°时的状态

接下来，对在核模型中引入了截距γ的下式

$$f_{\boldsymbol{\theta},\boldsymbol{\gamma}}(\boldsymbol{x}) = \sum_{j=1}^{n} \theta_j K(\boldsymbol{x}, \boldsymbol{x}_j) + \gamma$$

进行Hinge损失最小化学习，加入使用了核矩阵$K_{i,j} = K(\boldsymbol{x}_i, \boldsymbol{x}_j)$的一般化$\ell_2$的正则化项。

$$\min_{\boldsymbol{\theta},\boldsymbol{\gamma}} \left[C \sum_{i=1}^{n} \max\left\{0, 1-f_{\boldsymbol{\theta},\boldsymbol{\gamma}}(\boldsymbol{x}_i)y_i\right\} + \frac{1}{2} \sum_{i,j=1}^{n} \theta_i\theta_j K(\boldsymbol{x}_i, \boldsymbol{x}_j) \right]$$

在这里，为了与支持向量机分类器相对应，式中没有使用λ作为正则化参数，而是使用了其倒数$C=1/\lambda$。

如图8.13所示，Hinge损失与0和$1-m$中较大的一个对应。

$$\max\{0, 1-m\} = \min_{\xi} \xi \quad \text{约束条件} \ \xi \geqslant 1-m, \ \xi \geqslant 0$$

如上式那样，通过引入虚拟变量ξ，正则化Hinge损失最小化学习的最优化问题就可以由下式表示。

$$\min_{\boldsymbol{\theta}, \gamma, \boldsymbol{\xi}} \left[C \sum_{i=1}^{n} \xi_i + \frac{1}{2} \sum_{i,j=1}^{n} \theta_i \theta_j K(\boldsymbol{x}_i, \boldsymbol{x}_j) \right] \tag{8.4}$$

约束条件 $\xi_i \geqslant 1 - f_{\boldsymbol{\theta}, \gamma}(\boldsymbol{x}_i) y_i, \ \xi_i \geqslant 0, \ \forall i = 1, \cdots, n$

这里再来看一下式(8.2)。

$$\min_{\boldsymbol{w}, \gamma, \boldsymbol{\xi}} \left[\frac{1}{2} \|\boldsymbol{w}\|^2 + C \sum_{i=1}^{n} \xi_i \right]$$

约束条件 $\xi_i \geqslant 1 - (\boldsymbol{w}^\top \boldsymbol{\psi}(\boldsymbol{x}_i) + \gamma) y_i, \ \xi_i \geqslant 0, \ \forall i = 1, \cdots, n$

在上式的最优化问题中，设$\boldsymbol{w} = \sum_{j=1}^{n} \theta_j \boldsymbol{\psi}(\boldsymbol{x}_j)$，如果利用条件$\boldsymbol{\psi}(\boldsymbol{x}_i)^\top \boldsymbol{\psi}(\boldsymbol{x}_j) = K(\boldsymbol{x}_i, \boldsymbol{x}_j)$的话，上式就与最优化问题(8.4)相等价了。也就是说，支持向量机分类器可以用一般化ℓ_2约束的Hinge损失最小化学习来解释。

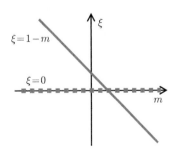

图8.13 Hinge损失与0和$1-m$中较大的一个对应

8.6 使用Ramp损失的鲁棒学习

如图 8.11 所示，Hinge损失是没有上界的。因此，当间隔为比较大的负数值时，损失会变得非常大。所以在训练样本中包含异常值的情况下，支持向量机分类器非常容易受其影响。这也是支持向量机分类器的一个弱点（图 8.14）。

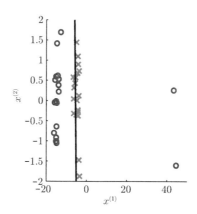

图 8.14 支持向量机分类器的例子。缺点是训练样本非常容易受到异常值（右侧的两个标记为○的值）的影响

正如第6章中所介绍的那样，通过使用拥有上界的损失函数，可以增强对异常值的鲁棒性。本节就将介绍有上界的损失函数——Ramp损失。

$$
\min\left\{1, \max(0, 1-m)\right\} = \begin{cases} 1 & (m < 0) \\ 1-m & (0 \leqslant m \leqslant 1) \\ 0 & (m > 1) \end{cases}
$$

Ramp损失是指，在Hinge损失的左侧以范围1做截断的损失（图 8.15）。Ramp这个单词的字面意思是连接高速公路等的高低差的倾斜坡道。如图 8.15 所示，Ramp损失是连接右侧的0和左侧的1的直线段[①]，因此便有了这样的名称（图 8.16）。

[①] 可以理解为连接点(0,1)和点(1,0)的直线段。——译者注

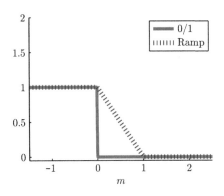

图 8.15   分类问题对应的 Ramp 损失

图 8.16   Ramp 损失。像连接高速公路的倾斜坡道那样,把右下段和左上段完整地连接在一起的形式

因为 Ramp 损失有边界,所以使用 Ramp 损失的 Ramp 损失最小化学习

$$\min_{\boldsymbol{\theta}} \sum_{i=1}^{n} \min\left\{1, \max\left(0, 1 - f_{\boldsymbol{\theta}}(\boldsymbol{x}_i)y_i\right)\right\}$$

应该对异常值有非常强的鲁棒性。但是,Ramp 损失为非凸函数,往往很难求全局最优解。因此通常使用下式对其求局部最优解。

首先,使用下式

$$v = m + \min\left\{1, \max(0, 1 - m)\right\} \tag{8.5}$$

将Ramp损失变形为如下形式（图8.17）。

$$\min\left\{1, \max(0, 1-m)\right\} = |v - m|$$

通过这样的表现形式，如果 ℓ_1 损失最小化学习的间隔 m 与输出值 v 相吻合的话，Ramp损失就可以达到极值，即最小值。

$$\min_{\boldsymbol{\theta}} \sum_{i=1}^{n} \left| v_i - f_{\boldsymbol{\theta}}(\boldsymbol{x}_i) y_i \right|$$

式（8.5）中对于输出值 v 的设定，可以通过以下方式来说明。当间隔 $m > 1$ 的时候，可以对所有的样本进行正确的分类，因此输出值 v 应当设定为间隔 m 的值，使得间隔 m 不发生变化；当间隔 $m \leqslant 0$ 的时候，有些样本会被错误地分类，因此输出值 v 应该比现在的间隔 m 稍大些，即把输出值 v 设定为 $m + 1$，这样间隔就会变大；当间隔 $0 < m \leqslant 1$ 的时候，虽然可以对样本进行正确的分类，但是如果把输出值 v 也设定得比现在的间隔 m 稍大些，即把输出值 v 设定为 1，间隔就会变得更大些。

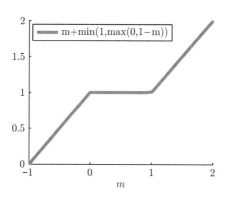

图8.17 输入值的调整函数 $v = m + \min\{1, \max(0, 1-m)\}$

然而，因为输出值 v 中包含间隔 m，一般不能对其直接进行求解。所以，一般使用如图8.18所示的反复迭代算法，使用前一次迭代得到的间隔 m，间接地对输出值 v 进行求解。在图8.18中，使用了关于参数的线性模型 $f_{\boldsymbol{\theta}}(\boldsymbol{x}) = \boldsymbol{\theta}^\top \boldsymbol{\phi}(\boldsymbol{x})$。这个算法中的解的计算

$$(\boldsymbol{\Phi}^\top \boldsymbol{W} \boldsymbol{\Phi} + \lambda \boldsymbol{I})^{-1} \boldsymbol{\Phi}^\top \boldsymbol{W} \boldsymbol{V} \boldsymbol{y}$$

与下式的加权ℓ_2正则化最小二乘学习是相对应的。

$$\min_{\boldsymbol{\theta}} \left[\frac{1}{2} \sum_{i=1}^{n} w_i \left(v_i y_i - \boldsymbol{\theta}^\top \boldsymbol{\phi}(\boldsymbol{x}_i) \right)^2 + \frac{\lambda}{2} \|\boldsymbol{\theta}\|^2 \right]$$

对图8.14中的数据使用Ramp损失最小化学习进行处理后的结果如图8.19所示。在这个例子中，经过42次的反复迭代就达到了收敛，得到的结果与支持向量机分类器相比，对异常值的影响有了较好的抑制。但是因为Ramp损失为非凸函数，根据初始值的选取方法的不同，可能会得到不同的解。在这个例子中，将初始值设定为了零。图8.20是这个例子的MATLAB程序源代码。

❶ 给 $\boldsymbol{\theta}$ 以适当的初值(例如，在 ℓ_2 正则化最小二乘学习中，$\boldsymbol{\theta} \leftarrow (\boldsymbol{\Phi}^\top \boldsymbol{\Phi} + \lambda \boldsymbol{I})^{-1} \boldsymbol{\Phi}^\top \boldsymbol{y}$)。

❷ 通过现在的解 $\boldsymbol{\theta}$ 来计算权重矩阵 $\boldsymbol{V}$ 和 $\boldsymbol{W}$。

$$\boldsymbol{V} \leftarrow \mathrm{diag}(v_1, \cdots, v_n), \quad \boldsymbol{W} \leftarrow \mathrm{diag}(w_1, \cdots, w_n)$$

其中，权重 v_i 和 w_i 使用间隔 $m_i = \boldsymbol{\theta}^\top \boldsymbol{\phi}(\boldsymbol{x}_i) y_i$ 由下式进行定义。

$$v_i = m_i + \min \left\{ 1, \max(0, 1 - m_i) \right\}$$

$$w_i = \begin{cases} 1 & (|v_i - m_i| \leqslant \eta) \\ \eta / |v_i - m_i| & (|v_i - m_i| > \eta) \end{cases}$$

❸ 使用矩阵 $\boldsymbol{V}$ 和 $\boldsymbol{W}$ 来计算解 $\boldsymbol{\theta}$。

$$\boldsymbol{\theta} \leftarrow (\boldsymbol{\Phi}^\top \boldsymbol{W} \boldsymbol{\Phi} + \lambda \boldsymbol{I})^{-1} \boldsymbol{\Phi}^\top \boldsymbol{W} \boldsymbol{V} \boldsymbol{y}$$

❹ 直到解 $\boldsymbol{\theta}$ 达到收敛精度为止，重复上述❷、❸步的计算。

图8.18 Ramp损失最小化学习的局部解的计算方法。$\eta \geqslant 0$ 为设定的极小值数值

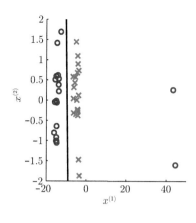

使用与图8.14相同的数据。与支持向量机分类器相比，对异常值（右侧的两个标记为○的值）的影响有了较好的抑制。

图8.19 对关于参数的线性模型进行Ramp损失最小化学习的例子

```
n=40; x=[randn(1,n/2)-15 randn(1,n/2)-5; randn(1,n)]';
y=[ones(n/2,1); -ones(n/2,1)];
x(1:2,1)=x(1:2,1)+60; x(:,3)=1;

l=0.01; e=0.01; t0=zeros(3,1);
for o=1:1000
  m=(x*t0).*y; v=m+min(1,max(0,1-m));
  a=abs(v-m); w=ones(size(y)); w(a>e)=e./a(a>e);
  t=(x'*(repmat(w,1,3).*x)+l*eye(3))\(x'*(w.*v.*y));
  if norm(t-t0)<0.001, break, end
  t0=t;
end

figure(1); clf; hold on; z=[-20 50]; axis([z -2 2]);
plot(x(y==1,1),x(y==1,2),'bo');
plot(x(y==-1,1),x(y==-1,2),'rx');
plot(z,-(t(3)+z*t(1))/t(2),'k-');
```

图8.20 对关于参数的线性模型进行Ramp损失最小化学习的MATLAB程序源代码。通过把x的第3列元素设置为1的方法，可以对截距进行表示。
$$f_\theta(x) = \theta^\top x + \theta_3$$

集成分类

集成学习(Ensemble)，是指把性能较低的多种弱学习器，通过适当组合而形成高性能的强学习器的方法。"三个臭皮匠顶个诸葛亮"这样的谚语，用来形容集成分类再适宜不过了。近年来，关于集成分类的研究一直是机器学习领域的一个热点问题(图9.1)。本章将介绍两种集成学习法，一种是对多个弱学习器独立进行学习的Bagging学习法，一种是对多个弱学习器依次进行学习的Boosting学习法(图9.2)。另外，虽然集成学习的思维方式适用于回归、分类等各种类型的机器学习任务，但是本章只涉及分类问题。

9.1 剪枝分类

剪枝分类是属于弱学习器的一种单纯分类器。剪枝分类器是指，对于 d 次维的输入变量 $\boldsymbol{x} = (x^{(1)}, \cdots, x^{(d)})^{\top}$，任意选定其中的一维，通过将其值与给定的阈值相比较来进行分类的线性分类器。即以输入空间内的坐标轴与超平面进行正交的方式对模式进行分类(图9.3)。

剪枝分类器的自由度很低，怎么都称不上是优秀的分类器，但是它确实具有计算成本低的优点。具体而言，对于 n 个训练样本，首先根据所选取的维度的数值进行分类。然后，对于 $i = 1, \cdots, n-1$，计算顺序为 i 和 $(i+1)$ 的训练样本在分类时的误差，使分类误差为最小来决定分类边界。也就是说，剪枝分类器的候补解最多只有 $n-1$ 个，所以通过对所有可能的解进行分类误差的计算并确定最小值，由此就可以求出最终的解。

图9.4是剪枝分类器的一个实例。从这个结果可以看出，每个单独的剪枝分类器的分类效果并不是特别好。图9.5是这个例子的MATLAB程序源代码。

图9.1 就像"三个臭皮匠顶个诸葛亮"这句谚语所说的那样，集成学习是指把性能
较低的多个弱学习器，通过适当组合而形成一个高性能的强学习器的方法

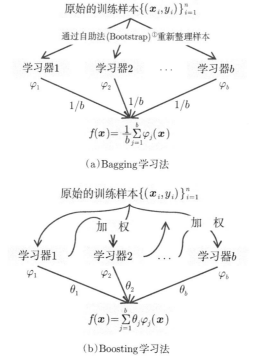

原始的训练样本$\{(\boldsymbol{x}_i, y_i)\}_{i=1}^n$

通过自助法(Bootstrap)[①]重新整理样本

学习器1　　学习器2　　…　　学习器b
φ_1　　　　φ_2　　　　　　　φ_b
$1/b$　　　$1/b$　　　$1/b$

$$f(\boldsymbol{x}) = \frac{1}{b}\sum_{j=1}^{b}\varphi_j(\boldsymbol{x})$$

（a）Bagging学习法

原始的训练样本$\{(\boldsymbol{x}_i, y_i)\}_{i=1}^n$

加　权　　　加　权

学习器1　　学习器2　　…　　学习器b
φ_1　　　　φ_2　　　　　　　φ_b
θ_1　　　θ_2　　　θ_b

$$f(\boldsymbol{x}) = \sum_{j=1}^{b}\theta_j\varphi_j(\boldsymbol{x})$$

（b）Boosting学习法

图9.2　集成学习，包括对多个弱学习器独立进行学习的Bagging学习法，以及对
多个弱学习器依次进行学习的Boosting学习法

---

① 一种用小样本估计总体值的非参数方法。——译者注

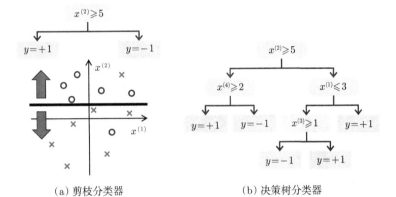

（a）剪枝分类器　　　　　　　　（b）决策树分类器

剪枝分类器中的"枝"是指从树上剪下来的枝节。剪枝分类器经过一层一层地累积，形成树状的结构，称为决策树分类器。与此相反，把决策树分类器剪断，只使用其中一小截剪枝，这样的方法就称为剪枝分类器。

图9.3　决策树分类器

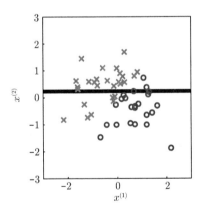

图9.4　剪枝分类器的例子

　　本章的以下部分，将详细介绍把这个弱分类器变身为强分类器的集成学习方法。

```
x=randn(50,2); y=2*(x(:,1)>x(:,2))-1;
X0=linspace(-3,3,50); [X(:,:,1) X(:,:,2)]=meshgrid(X0);

d=ceil(2*rand); [xs,xi]=sort(x(:,d));
el=cumsum(y(xi)); eu=cumsum(y(xi(end:-1:1)));
e=eu(end-1:-1:1)-el(1:end-1);
[em,ei]=max(abs(e)); c=mean(xs(ei:ei+1)); s=sign(e(ei));
Y=sign(s*(X(:,:,d)-c));

figure(1); clf; hold on; axis([-3 3 -3 3]);
colormap([1 0.7 1; 0.7 1 1]); contourf(X0,X0,Y);
plot(x(y==1,1),x(y==1,2),'bo');
plot(x(y==-1,1),x(y==-1,2),'rx');
```

图 9.5 剪枝分类器的 MATLAB 程序源代码

9.2 Bagging 学习法

Bagging 这个单词，是根据 BootstrapAggregation 这个词组创造的一个新词。Bootstrap，即拔靴带，是指穿长筒靴时用来帮助提靴的一个纽带，位于靴子后面（图 9.6）。统计学上的 Bootstrap 一般称为自助法，是指从 n 个训练样本 $\{(\boldsymbol{x}_i, y_i)\}_{i=1}^n$ 中随机选取 n 个，允许重复，生成与原始的训练样本集有些许差异的样本集的方法[2]。像拔靴带那样的，只依靠自己就可以完成穿靴的动作，对于训练样本而言，因为采样后原始的训练样本集得以重新生成，因而可以灵活应用于各种各样的计算，所以就有了 Bootstrap 学习法这样的名称。另一方面，Aggregation 是聚集、集成的意思。因此，正如其名称所表示的那样，在 Bagging 学习中，首先经由自助法生成虚拟的训练样本，并对这些样本进行学习（图 9.2(a)）。然后，反复重复这一过程，对得到的多个分类器的输出求平均值（图 9.7）。

通过上述方法，就可以从大量略有不同的训练样本集合，得到多个稍微不同的弱分类器，然后再对这些分类器加以统合，就可以得到稳定、可靠的强分类器。

图 9.8 表示的是对剪枝分类器进行 Bagging 学习的实例。Bagging 学习中，通过多个单一的剪枝分类器的组合，可以获得复杂的分类边界。图 9.9 是本例的 MATLAB 程序源代码。

一般而言，像剪枝分类器这样非常单一的弱分类器，对其进行集成学习很少会发生过拟合现象，因此将 Bagging 学习的重复次数设置为较大的值是比较好的选择。在这种情况下，因为多个弱分类器的学习是个并行的过程，因此使用多台计算机并行处理，会使计算效率得到巨大提升。

图 9.6　　Bootstrap，即拔靴带，是指位于靴子后面的用来帮助提靴的纽带

---

❶ 对 $j = 1, \cdots, b$ 重复进行如下计算。

   (a) 从 n 个训练样本 $\{(\boldsymbol{x}_i, y_i)\}_{i=1}^n$ 中随机选取 n 个，允许重复，生成若干个与原始的训练样本集有些许差异的新样本集。

   (b) 使用上述得到的样本集求得弱学习器 φ_j。

❷ 对所有的弱学习器 $\{\varphi_j\}_{j=1}^b$，求平均值，得到一个强学习器 f。

$$f(\boldsymbol{x}) \leftarrow \frac{1}{b} \sum_{j=1}^b \varphi_j(\boldsymbol{x})$$

图 9.7　　Bagging 学习算法

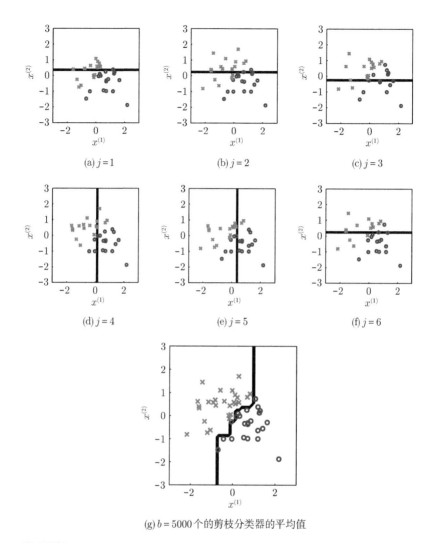

(a) $j=1$

(b) $j=2$

(c) $j=3$

(d) $j=4$

(e) $j=5$

(f) $j=6$

(g) $b=5000$ 个的剪枝分类器的平均值

图9.8 对剪枝分类器进行Bagging学习的实例

　　剪枝分类器不断地生长、积累，形成多层级的模型，该模型就称为决策树分类器（图9.3(b)）。对决策树分类器进行Bagging学习的时候，通过随机选择输入变量中的某个维度进行学习，可以大幅提高分类器的性能。这种手法也称为随机森林学习（图9.10）。

```
n=50; x=randn(n,2); y=2*(x(:,1)>x(:,2))-1;
b=5000; a=50; Y=zeros(a,a);
X0=linspace(-3,3,a); [X(:,:,1) X(:,:,2)]=meshgrid(X0);

for j=1:b
  db=ceil(2*rand); r=ceil(n*rand(n,1));
  xb=x(r,:); yb=y(r); [xs,xi]=sort(xb(:,db));
  el=cumsum(yb(xi)); eu=cumsum(yb(xi(end:-1:1)));
  e=eu(end-1:-1:1)-el(1:end-1);
  [em,ei]=max(abs(e)); c=mean(xs(ei:ei+1));
  s=sign(e(ei)); Y=Y+sign(s*(X(:,:,db)-c))/b;
end

figure(1); clf; hold on; axis([-3 3 -3 3]);
colormap([1 0.7 1; 0.7 1 1]); contourf(X0,X0,sign(Y));
plot(x(y==1,1),x(y==1,2),'bo');
plot(x(y==-1,1),x(y==-1,2),'rx');
```

图 9.9 对剪枝分类器进行 Bagging 学习的 MATLAB 程序源代码

图 9.10 剪枝、决策树、随机森林。众多的剪枝形成树，众多的树形成森林

9.3 Boosting学习法

Bagging学习是指对多个弱学习器进行独立学习的方法，与之相对，Boosting学习 [7] 是对多个弱学习器依次进行学习的方法（图9.2(b)）。Boosting是增强、强化的意思。本节将介绍Boosting学习的具体算法，并尝试从最小二乘法的角度来对其进行解释。

9.3.1 Adaboost

Boosting学习，首先使用一个原始的学习算法，对训练样本

$$\left\{ (\boldsymbol{x}_i, y_i) \mid \boldsymbol{x}_i \in \mathbb{R}^d, y_i \in \{+1, -1\} \right\}_{i=1}^n$$

进行普通分类器的学习。如果这个原始的学习算法性能不高，就不能对所有的训练样本进行正确的分类。因此，对于不能正确分类的困难样本就加大其权重（反之，对于能正确分类的简单样本则减少其权重），再重新进行学习。这样再次得到的分类器，对原本没能正确分类的样本，应该也能在一定程度上进行正确的分类了。然后，再循环多次进行加权学习，慢慢地就可以对所有的训练样本都进行正确的分类了。

然而另一方面，在进行加权的过程中，最开始就能够正确分类的样本的权重会慢慢变小，有可能造成简单的样本反而不能正确分类的情况。因此，Boosting学习应该边学习边更新样本的权重，并把学习过程中得到的所有分类器放在一起，对其可信度进行平均后训练得到最终的强分类器。

样本的加权方法多种多样，最为标准的就是Adaboost算法，如图9.11所示。Adaboost是英文Adaptive Boosting的缩写，是自适应增强的意思。

图9.11中更新样本的权重$\{w_i\}_{i=1}^n$的式子，

$$w_i \longleftarrow w_i \exp\left(-\theta_j \varphi_j(\boldsymbol{x}_i) y_i \right)$$

可以改写为如上形式（正确的方式是进行标准化，使更新后满足 $\sum_{i=1}^{n} w_i = 1$ 的条件）。也就是说，在 Adaboost 算法中，当间隔 $m_i = \varphi_j(\boldsymbol{x}_i) y_i$ 为正的时候（即样本可以正确分类的时候），使其权重变小；与此相反，当间隔 m_i 为负的时候（即样本不能正确分类的时候），将其权重设得大一些。关于这个更新式的推导过程，在 9.3.2 节中有详细说明。

---

❶ 把训练样本 $\{(\boldsymbol{x}_i, y_i)\}_{i=1}^{n}$ 对应的各个权重 $\{w_i\}_{i=1}^{n}$ 设置为均等，即 $1/n$，并把强分类器 f 的初始值设为零。

$$w_1, \cdots, w_n \leftarrow 1/n, \quad f \leftarrow 0$$

❷ 对 $j = 1, \cdots, b$ 重复进行如下计算。

(a) 对于现在的样本的权重 $\{w_i\}_{i=1}^{n}$，对加权的误分类率（0/1 损失的权重之和）$R(\varphi)$ 为最小的弱分类器 φ_j 进行学习。

$$\varphi_j = \underset{\varphi}{\arg\min}\, R(\varphi), \quad R(\varphi) = \sum_{i=1}^{n} \frac{w_i}{2}\Big(1 - \varphi(\boldsymbol{x}_i) y_i\Big)$$

(b) 通过下式定义弱分类器 φ_j 的权重 θ_j 由下。

$$\theta_j = \frac{1}{2} \log \frac{1 - R(\varphi_j)}{R(\varphi_j)}$$

(c) 通过下式更新强分类器 f。

$$f \leftarrow f + \theta_j \varphi_j$$

(d) 通过下式更新样本的权重 $\{w_i\}_{i=1}^{n}$。

$$w_i \leftarrow \frac{\exp\Big(-f(\boldsymbol{x}_i) y_i\Big)}{\sum_{i'=1}^{n} \exp\Big(-f(\boldsymbol{x}_{i'}) y_i\Big)}, \quad \forall i = 1, \cdots, n$$

图9.11 Adaboost 学习算法

再来看图 9.11 中决定分类器 φ_j 的权重 θ_j 的式子

$$\theta_j = \frac{1}{2} \log \frac{1 - R(\varphi_j)}{R(\varphi_j)}$$

根据该式，加权的误分类率 $R(\varphi_j)$ 越小，其权重 θ_j 就越大（图 9.12）。为什么采取这种方式来决定权重呢？其详细说明也请参照 9.3.2 节。

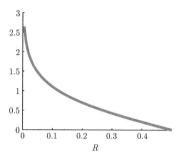

图9.12 在 Adaboost 学习中，基于加权误分类率 R 来确定分类器 φ 的权重 θ

　　图9.13是对剪枝分类器进行 Adaboost 学习的一个实例。把多个单一的剪枝分类器通过 Adaboost 学习组合在一起，就可以得到复杂的分类边界。图9.14是这个例子的 MATLAB 程序源代码。

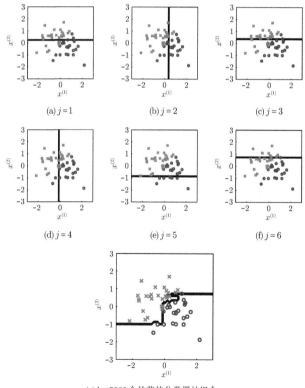

图9.13 对剪枝分类器进行 Adaboost 学习的实例

```
n=50; x=randn(n,2); y=2*(x(:,1)>x(:,2))-1; b=5000;
a=50; Y=zeros(a,a); yy=zeros(size(y)); w=ones(n,1)/n;
X0=linspace(-3,3,a); [X(:,:,1) X(:,:,2)]=meshgrid(X0);

for j=1:b
  wy=w.*y; d=ceil(2*rand); [xs,xi]=sort(x(:,d));
  el=cumsum(wy(xi)); eu=cumsum(wy(xi(end:-1:1)));
  e=eu(end-1:-1:1)-el(1:end-1);
  [em,ei]=max(abs(e)); c=mean(xs(ei:ei+1)); s=sign(e(ei));
  yh=sign(s*(x(:,d)-c)); R=w'*(1-yh.*y)/2;
  t=log((1-R)/R)/2; yy=yy+yh*t; w=exp(-yy.*y); w=w/sum(w);
  Y=Y+sign(s*(X(:,:,d)-c))*t;
end

figure(1); clf; hold on; axis([-3 3 -3 3]);
colormap([1 0.7 1; 0.7 1 1]); contourf(X0,X0,sign(Y));
plot(x(y==1,1),x(y==1,2),'bo'};
plot(x(y==-1,1),x(y==-1,2 ),'rx');
```

图9.14 | 对剪枝分类器进行 Adaboost 学习的 MATLAB 程序源代码

9.3.2 使用指数损失最小化学习来解释

Adaboost 学习的算法，是基于把多个弱分类器进行组合来形成性能优异的强分类器的思路而推导出来的。这样的思路，与第7章中介绍的基于最小二乘学习法的分类器学习算法完全不同。然而，实际上 Adaboost 学习算法也可以看作是最小二乘学习法的一种扩展。本节将尝试从最小二乘学习的观点来推导 Adaboost 学习算法，并对其向鲁棒学习的扩展做一些介绍。

首先从作为 0/1 损失的代理损失的指数（Exponential）损失来进行说明（图9.15）。

$$\exp(-m)$$

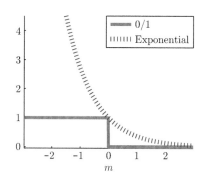

图9.15 分类问题的指数损失

在这里，$m = f_{\boldsymbol{\theta}}(\boldsymbol{x})y$ 表示的是间隔。然后，考虑对输出为 -1 和 $+1$ 的二值基函数 $\{\varphi_j\}_{j=1}^{b}$ 的线性模型

$$f_{\boldsymbol{\theta}}(\boldsymbol{x}) = \sum_{j=1}^{b} \theta_j \varphi_j(\boldsymbol{x})$$

进行指数损失最小化学习。

$$\min_{\boldsymbol{\theta}} \sum_{i=1}^{n} \exp\left(-f_{\boldsymbol{\theta}}(\boldsymbol{x}_i)y_i\right)$$

在这里，学习对象不仅仅是参数 $\{\theta_j\}_{j=1}^{b}$，对基函数 $\{\varphi_i\}_{j=1}^{b}$ 本身也可以进行学习。通过对其逐个地依次进行学习，将已经学习完的函数命名为 $\widetilde{f}$，将接下来要学习的参数和函数分别命名为 θ 和 φ。

$$\min_{\theta,\varphi} \sum_{i=1}^{n} \exp\left(-\left\{\widetilde{f}(\boldsymbol{x}_i) + \theta\varphi(\boldsymbol{x}_i)\right\}y_i\right) = \min_{\theta,\varphi} \sum_{i=1}^{n} \widetilde{w}_i \exp\left(-\theta\varphi(\boldsymbol{x}_i)y_i\right)$$

其中，$\widetilde{w}_i$ 由下式定义。

$$\widetilde{w}_i = \exp\left(-\widetilde{f}(\boldsymbol{x}_i)y_i\right)$$

在以下计算过程中，假设 $\theta \geqslant 0$（$\theta < 0$ 的时候 φ 的符号反转）。

上述的顺次加权指数损失最小化学习可以变形为

$$\sum_{i=1}^{n} \widetilde{w}_i \exp\left(-\theta\varphi(\boldsymbol{x}_i)y_i\right)$$

$$= \exp(-\theta) \sum_{i:y_i=\varphi(\boldsymbol{x}_i)} \widetilde{w}_i + \exp(\theta) \sum_{i:y_i\neq\varphi(\boldsymbol{x}_i)} \widetilde{w}_i$$

$$= \Big\{ \exp(\theta) - \exp(-\theta) \Big\} \sum_{i=1}^{n} \frac{\widetilde{w}_i}{2}\Big(1 - \varphi(\boldsymbol{x}_i)y_i\Big) + \exp(-\theta)\sum_{i=1}^{n}\widetilde{w}_i \tag{9.1}$$

在式 (9.1) 中, 因 为 第 一 项 的 $\exp(\theta) - \exp(-\theta) \geqslant 0$ 和 第 二 项 的 $\exp(-\theta)\sum_{i=1}^{n}\widetilde{w}_i$ 都不依赖于 φ, 所以最终顺次加权指数损失最小化学习的 φ 的解 $\widehat{\varphi}$, 可以通过加权 0/1 损失最小化学习来求得。

$$\widehat{\varphi} = \underset{\varphi}{\mathrm{argmin}} \sum_{i=1}^{n} \frac{\widetilde{w}_i}{2}\Big(1 - \varphi(\boldsymbol{x}_i)y_i\Big)$$

顺次加权指数损失最小化学习的 θ 的解 $\widehat{\theta}$, 可以通过下述的方式求得。首先, 将 $\widehat{\varphi}$ 代入式 (9.1) 中的 φ, 然后对 θ 求偏微分, 并使其等于 0。

$$\Big\{ \exp(\theta) + \exp(-\theta) \Big\} \sum_{i=1}^{n} \frac{\widetilde{w}_i}{2}\Big(1 - \widehat{\varphi}(\boldsymbol{x}_i)y_i\Big) - \exp(-\theta)\sum_{i=1}^{n}\widetilde{w}_i = 0$$

把上式对 θ 求解, 得

$$\widehat{\theta} = \frac{1}{2}\log\frac{1-\widehat{R}}{\widehat{R}}$$

在这里, $\widehat{R}$ 为 $\widehat{\varphi}$ 的加权 0/1 损失的具体数值。

$$\widehat{R} = \left\{ \sum_{i=1}^{n} \frac{\widetilde{w}_i}{2}\Big(1 - \widehat{\varphi}(\boldsymbol{x}_i)y_i\Big) \right\} \bigg/ \left\{ \sum_{i'=1}^{n}\widetilde{w}_{i'} \right\}$$

通过以上过程, Adaboost 就可以作为指数损失最小化学习的顺次学习算法推导出来了。基于这样的推导, 也可以考虑除指数损失以外的其他 Boosting 学习算法。例如, 使用下式

$$\begin{cases} -m + 1/2 & (m \leqslant 0) \\ \exp(-2m)/2 & (m > 0) \end{cases}$$

作为损失的 Madaboost 学习，由于损失的大小只会线性增加，因此对异常值具有极高的鲁棒性（图9.16）。另外，还有使用下式

$$\log(1 + \exp(-2m))$$

作为损失的 Logitboost 学习，是后面10.1节中介绍的 Logistic 回归学习算法的 Boosting 版，可以用概率的模式识别理论来进行解释（图9.16）。

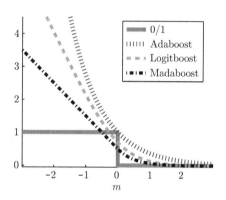

图9.16　Boosting的损失函数

概率分类法

到本章为止，我们介绍了确定模式所属类别的模式识别算法。对模式基于概率进行分类的手法称为概率分类法。本章将详细介绍这种学习方法。

基于概率的模式识别，是指对与模式 $\boldsymbol{x}$ 所对应的类别 y 的后验概率 $p(y\,|\,\boldsymbol{x})$ 进行学习。其所属类别为后验概率达到最大值时所对应的类别。

$$\widehat{y} = \operatorname*{argmax}_{y=1,\cdots,c} p(y\,|\,\boldsymbol{x})$$

类别的后验概率 $p(y = \widehat{y}\,|\,\boldsymbol{x})$，可以理解为模式 $\boldsymbol{x}$ 属于类别 y 的可信度。通过这样的方法，在可信度非常低的时候就不用强行进行分类，从而避免了错误分类，而且可以设置一些实用的选项，比如把这个样本丢弃掉。另外，基于概率的模式识别算法还有一个优势，就是对于多种类别的分类问题通常会有较好的分类结果。

10.1 Logistic 回归

本节将介绍 Logistic 回归这一概率分类算法。顾名思义，读者朋友可能会首先联系到本书第二部分中介绍的回归问题的机器学习算法，但是 Logistic 回归并不属于这一范畴，它是一种基于概率的模式识别算法。

10.1.1 Logistic 模型的最大似然估计

Logistic 回归，使用线性对数函数对分类后验概率 $p(y\,|\,\boldsymbol{x})$ 进行模型化。

$$q(y\,|\,\boldsymbol{x};\boldsymbol{\theta}) = \frac{\exp\left(\sum_{j=1}^{b} \theta_j^{(y)} \phi_j(\boldsymbol{x})\right)}{\sum_{y'=1}^{c} \exp\left(\sum_{j=1}^{b} \theta_j^{(y')} \phi_j(\boldsymbol{x})\right)} \tag{10.1}$$

上式中，分母是与所有的 $y = 1, \cdots, c$ 对应的，满足概率总和为 1 的约束条件的正则化项。上述的模型 $q(y \,|\, \boldsymbol{x}; \boldsymbol{\theta})$ 中包含的参数 $\{\theta_j^{(y)}\}_{j=1}^b$，在每个类别 $y = 1, \cdots, c$ 中都不一样，因此包含所有参数的向量 $\boldsymbol{\theta}$ 有 bc 次维。

$$\boldsymbol{\theta} = (\underbrace{\theta_1^{(1)}, \cdots, \theta_b^{(1)}}_{\text{类别} 1}, \cdots, \underbrace{\theta_1^{(c)}, \cdots, \theta_b^{(c)}}_{\text{类别} c})^\top$$

Logistic 回归模型的学习，通过对数似然为最大时的最大似然估计进行求解。似然函数是指，将手头的训练样本 $\{(\boldsymbol{x}_i, y_i)\}_{i=1}^n$ 由现在的模型生成的概率，看作是关于参数 θ 的函数，对数似然是指其对数。

$$\text{似然：} \prod_{i=1}^n q(y_i \,|\, \boldsymbol{x}_i; \boldsymbol{\theta}), \quad \text{对数似然：} \sum_{i=1}^n \log q(y_i \,|\, \boldsymbol{x}_i; \boldsymbol{\theta})$$

似然是 $q(y_i \,|\, \boldsymbol{x}_i; \boldsymbol{\theta})$ 经 n 次相乘的结果，例如对于所有的 $i = 1, \cdots, n$，$q(y_i \,|\, \boldsymbol{x}_i; \boldsymbol{\theta}) = 0.1 = 10^{-1}$ 的时候，其似然

$$10^{-n} = 0.\underbrace{000 \cdots 000}_{(n-1) \text{个}} 1$$

是一个非常小的值，经常会发生计算丢位的现象。对于这种情况，一般使用对数来解决，即利用将乘法变换为加法的方法来防止丢位现象的发生。

Logistic 回归的学习模式由下式的最优化问题来定义。

$$\max_{\boldsymbol{\theta}} \sum_{i=1}^n \log q(y_i \,|\, \boldsymbol{x}_i; \boldsymbol{\theta})$$

上述的目标函数对于参数 θ 是可以微分的，因此，可以使用 3.3 节中介绍的概率梯度下降法来求最大似然估计的解 $\widehat{\boldsymbol{\theta}}$（图 10.1）。

图 10.2 表示的是对对数高斯核模型

$$q(y \,|\, \boldsymbol{x}; \boldsymbol{\theta}) \propto \exp\left(\sum_{j=1}^n \theta_j K(\boldsymbol{x}, \boldsymbol{x}_j)\right), \quad K(\boldsymbol{x}, \boldsymbol{c}) = \exp\left(-\frac{\|\boldsymbol{x} - \boldsymbol{c}\|^2}{2h^2}\right)$$

进行Logistic回归学习的实例。在这个例子中，高斯核的带宽h为1。根据结果可知，类别的后验概率$p(y\mid\boldsymbol{x})$得到了很好的学习。图10.3表示的是使用概率梯度下降法的算法的MATLAB程序源代码。

❶ 给$\boldsymbol{\theta}$以适当的初值。

❷ 随机选择一个训练样本（选择顺序为i的训练样本$(\boldsymbol{x}_i,y_i)$）。

❸ 对于选定的训练样本，以梯度上升的方向对参数$\boldsymbol{\theta}=(\boldsymbol{\theta}^{(1)^\top},\cdots,\boldsymbol{\theta}^{(c)^\top})^\top$进行更新。

$$\boldsymbol{\theta}^{(y)} \longleftarrow \boldsymbol{\theta}^{(y)} + \varepsilon\nabla_y J_i(\boldsymbol{\theta}) \ \text{对于}\ y=1,\cdots,c$$

在这里，ε为表示梯度上升幅度的正的常数。$\nabla_y J_i$是指顺序为i的训练样本所对应的对数似然$J_i(\boldsymbol{\theta}) = \log q(y_i\mid\boldsymbol{x}_i;\boldsymbol{\theta})$的关于$\boldsymbol{\theta}^{(y)}$的梯度上升的方向。

$$\nabla_y J_i(\boldsymbol{\theta}) = -\frac{\exp\left(\boldsymbol{\theta}^{(y)^\top}\boldsymbol{\phi}(\boldsymbol{x}_i)\right)\boldsymbol{\phi}(\boldsymbol{x}_i)}{\sum_{y'=1}^{c}\exp\left(\boldsymbol{\theta}^{(y')^\top}\boldsymbol{\phi}(\boldsymbol{x}_i)\right)} + \begin{cases}\boldsymbol{\phi}(\boldsymbol{x}_i) & (y=y_i)\\ \boldsymbol{0} & (y\neq y_i)\end{cases}$$

❹ 直到解$\boldsymbol{\theta}$达到收敛精度为止，重复上述❷、❸步的计算。

图10.1 使用概率梯度下降法的Logistic回归学习算法

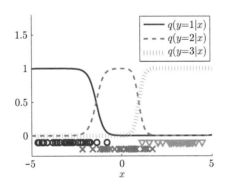

图10.2 对对数高斯模型进行Logistic回归学习的实例

```
n=90; c=3; y=ones(n/c,1)*[1:c]; y=y(:);
x=randn(n/c,c)+repmat(linspace(-3,3,c),n/c,1); x=x(:);

hh=2*1^2; t0=randn(n,c);
for o=1:n*1000
  i=ceil(rand*n); yi=y(i); ki=exp(-(x-x(i)).^2/hh);
  ci=exp(ki'*t0); t=t0-0.1*(ki*ci)/(1+sum(ci));
  t(:,yi)=t(:,yi)+0.1*ki;
  if norm(t-t0)<0.000001, break, end
  t0=t;
end

N=100; X=linspace(-5,5,N )';
K=exp(-(repmat(X.^2,1,n)+repmat(x.^2, N,1)-2*X*x')/hh);
figure(1); clf; hold on; axis([-5 5 -0.3 1.8]);
C=exp(K*t); C=C./repmat(sum(C,2),1,c);
plot(X,C(:,1),'b-'); plot(X,C(:,2 ),'r--');
plot(X,C(:,3),'g:');
plot(x(y==1),-0.1*ones(n/c,1),'bo');
plot(x(y==2),-0.2*ones(n/c,1),'rx');
plot(x(y==3),-0.1*ones(n/c,1),'gv');
legend('q(y=1|x)','q(y=2|x)','q(y=3|x)')
```

图 10.3 使用概率梯度下降法的 Logistic 回归学习的 MATLAB 程序源代码

10.1.2 使用 Logistic 损失最小化学习来解释

首先从 2 分类问题 $y \in \{+1, -1\}$ 进行说明,

$$q(y = +1 \,|\, \boldsymbol{x}; \boldsymbol{\theta}) + q(y = -1 \,|\, \boldsymbol{x}; \boldsymbol{\theta}) = 1$$

通过使用上述关系式,Logistic 模型的参数个数就可以由 $2b$ 个降为 b 个[①]。

$$q(y \,|\, \boldsymbol{x}; \boldsymbol{\theta}) = \left\{ 1 + \exp\left(-y \sum_{j=1}^{b} \theta_j \phi_j(\boldsymbol{x}) \right) \right\}^{-1}$$

---

① 同理,对于前节所述的多类别的情况,也可以使用关系式 $\sum_{y=1}^{c} q(y \,|\, \boldsymbol{x}; \boldsymbol{\theta}) = 1$ 使参数个数由 bc 个降为 $b(c-1)$ 个。

这个模型的对数似然最大化的准则，

$$\min_{\boldsymbol{\theta}} \sum_{i=1}^{n} \log \left\{ 1 + \exp \left(-y_i \sum_{j=1}^{b} \theta_j \phi_j(\boldsymbol{x}_i) \right) \right\} \quad (10.2)$$

可以改写为上述形式。根据关于参数的线性模型

$$f_{\boldsymbol{\theta}}(\boldsymbol{x}) = \sum_{j=1}^{b} \theta_j \phi_j(\boldsymbol{x})$$

的间隔 $m = f_{\boldsymbol{\theta}}(\boldsymbol{x})y$，可知式（10.2）与使用 Logistic 损失

$$\log(1 + \exp(-m))$$

的 Logistic 损失最小化学习是等价的（图10.4）。

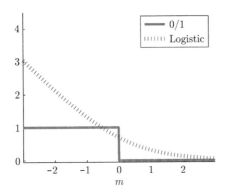

图10.4 Logistic 损失函数

10.2 最小二乘概率分类

本节将介绍在平方误差准则下进行与 Logistic 回归相同的学习的最小二乘概率分类器[13]。

最小二乘概率分类器，对于各个类别 $y = 1, \cdots, c$ 的后验概率 $p(y \mid \boldsymbol{x})$，使用与参数相关的线性模型

$$q(y \,|\, \boldsymbol{x}; \boldsymbol{\theta}^{(y)}) = \sum_{j=1}^{b} \theta_j^{(y)} \phi_j(\boldsymbol{x}) = \boldsymbol{\theta}^{(y)\top} \boldsymbol{\phi}(\boldsymbol{x}) \qquad (10.3)$$

进行模型化。与 Logistic 模型不同的是，这个模型只依赖于与各个类别 y 对应的参数 $\boldsymbol{\theta}^{(y)} = (\theta_1^{(y)}, \cdots, \theta_b^{(y)})^\top$。然后，对这个模型进行学习，使下式的平方误差为最小。

$$
\begin{aligned}
J_y(\boldsymbol{\theta}^{(y)}) &= \frac{1}{2} \int \Big(q(y \,|\, \boldsymbol{x}; \boldsymbol{\theta}^{(y)}) - p(y \,|\, \boldsymbol{x}) \Big)^2 p(\boldsymbol{x}) \mathrm{d}\boldsymbol{x} \\
&= \frac{1}{2} \int q(y \,|\, \boldsymbol{x}; \boldsymbol{\theta}^{(y)})^2 p(\boldsymbol{x}) \mathrm{d}\boldsymbol{x} - \int q(y \,|\, \boldsymbol{x}; \boldsymbol{\theta}^{(y)}) p(y \,|\, \boldsymbol{x}) p(\boldsymbol{x}) \mathrm{d}\boldsymbol{x} \\
&\quad + \frac{1}{2} \int p(y \,|\, \boldsymbol{x})^2 p(\boldsymbol{x}) \mathrm{d}\boldsymbol{x}
\end{aligned}
$$

$$(10.4)$$

上式中，$p(\boldsymbol{x})$ 表示的是训练输入样本 $\{\boldsymbol{x}_i\}_{i=1}^n$ 的概率密度函数。

在这里，式 (10.4) 中的第二项 $p(y \,|\, \boldsymbol{x})p(\boldsymbol{x})$ 可变形为

$$p(y \,|\, \boldsymbol{x})p(\boldsymbol{x}) = p(\boldsymbol{x}, y) = p(\boldsymbol{x} \,|\, y)p(y)$$

上式中，$p(\boldsymbol{x} \,|\, y)$ 是属于类别 y 的训练输入样本 $\{\boldsymbol{x}_i\}_{i:y_i=y}$ 的概率密度函数，$p(y)$ 表示的是训练输出样本 $\{y_i\}_{i=1}^n$ 的概率密度函数。J_y 中包含的

$$\int q(y \,|\, \boldsymbol{x}; \boldsymbol{\theta}^{(y)})^2 p(\boldsymbol{x}) \mathrm{d}\boldsymbol{x}, \quad \int q(y \,|\, \boldsymbol{x}; \boldsymbol{\theta}^{(y)}) p(y) p(\boldsymbol{x} \,|\, y) \mathrm{d}\boldsymbol{x}$$

分别表示与 $p(x)$ 和 $p(\boldsymbol{x} \,|\, y)$ 相关的数学期望值。这些期望值一般无法直接计算，而是用样本的平均值来进行近似。

$$\frac{1}{n} \sum_{i=1}^{n} q(y \,|\, \boldsymbol{x}_i; \boldsymbol{\theta}^{(y)})^2, \quad \frac{1}{n_y} \sum_{i:y_i=y}^{2} q(y \,|\, \boldsymbol{x}_i; \boldsymbol{\theta}^{(y)}) p(y)$$

上式中，n_y 表示的是类别 y 的训练样本数，$\sum_{i:y_i=y}$ 表示的是满足 $y_i = y$ 的 i 个项目的总和。在这里，类别 y 的训练样本占全部 n 个训练样本的比例 n_y/n，使用 $p(y)$ 来近似。式 (10.4) 中的第三项是不依赖于参数 $\boldsymbol{\theta}^{(y)}$

的常数，因此可以不用管它。另外，引入 ℓ_2 正则化项，可以得到如下的计算准则。

$$\widehat{J}_y(\boldsymbol{\theta}^{(y)}) = \frac{1}{2n}\sum_{i=1}^{n} q(y\,|\,\boldsymbol{x}_i;\boldsymbol{\theta}^{(y)})^2 - \frac{1}{n}\sum_{i:y_i=y} q(y\,|\,\boldsymbol{x}_i;\boldsymbol{\theta}^{(y)}) + \frac{\lambda}{2n}\left\|\boldsymbol{\theta}^{(y)}\right\|^2$$

$$= \frac{1}{2n}\boldsymbol{\theta}^{(y)\top}\boldsymbol{\Phi}^\top\boldsymbol{\Phi}\boldsymbol{\theta}^{(y)} - \frac{1}{n}\boldsymbol{\theta}^{(y)\top}\boldsymbol{\Phi}^\top\boldsymbol{\pi}^{(y)} + \frac{\lambda}{2n}\left\|\boldsymbol{\theta}^{(y)}\right\|^2$$

在这里，$\boldsymbol{\pi}^{(y)} = (\pi_1^{(y)}, \cdots, \pi_n^{(y)})^\top$ 是由

$$\pi_i^{(y)} = \begin{cases} 1 & (y_i = y) \\ 0 & (y_i \neq y) \end{cases}$$

定义的 n 次维的向量。这个学习准则 $\widehat{J}_y$ 是关于 $\boldsymbol{\theta}^{(y)}$ 的凸二次式，对其进行偏微分并置为 0 的话，就可以得到 $\widehat{\boldsymbol{\theta}}^{(y)}$ 的解析解。

$$\widehat{\boldsymbol{\theta}}^{(y)} = \left(\boldsymbol{\Phi}^\top\boldsymbol{\Phi} + \lambda\boldsymbol{I}\right)^{-1}\boldsymbol{\Phi}^\top\boldsymbol{\pi}^{(y)}$$

然而，如果照上式那样计算下去的话，类别的后验概率的估计值很有可能变为负的，因此，需要对负的输出加一个下界为零的约束条件（即进位为零），这样就可以使输出值的和朝着 1 的方向修正了。

$$\widehat{p}(y\,|\,\boldsymbol{x}) = \frac{\max(0, \widehat{\boldsymbol{\theta}}^{(y)\top}\boldsymbol{\phi}(\boldsymbol{x}))}{\sum_{y'=1}^{c}\max(0, \widehat{\boldsymbol{\theta}}^{(y')\top}\boldsymbol{\phi}(\boldsymbol{x}))} \tag{10.5}$$

图 10.5 表示的是对高斯核模型

$$q(y\,|\,\boldsymbol{x};\boldsymbol{\theta}^{(y)}) = \sum_{j:y_j=y}\theta_j^{(y)}K(\boldsymbol{x}, \boldsymbol{x}_j), \quad K(\boldsymbol{x}, \boldsymbol{x}') = \exp\left(-\frac{\|\boldsymbol{x}-\boldsymbol{x}'\|^2}{2h^2}\right)$$

进行最小二乘概率分类的例子。在这个例子中，高斯核的带宽 h 为 1，正则化参数 λ 为 0.1。通过分类结果可知，类别的后验概率得到了很好的学习，并且得到了与图 10.2 的 Logistic 回归基本相同的解。图 10.6 表示的是最小二乘概率分类器的 MATLAB 程序源代码。

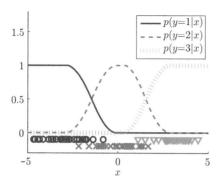

图10.5 对与图10.2相同的数据进行最小二乘概率分类的实例

```
n=90; c=3; y=ones(n/c,1)*[1:c]; y=y(:);
x=randn(n/c,c)+repmat(linspace(-3,3,c),n/c,1); x=x(:);

hh=2*1^2; x2=x.^2; l=0.1; N=100; X=linspace(-5,5,N )';
k=exp(-(repmat(x2,1,n)+repmat(x2',n,1)-2*x*x')/hh);
K=exp(-(repmat(X.^2,1,n)+repmat(x2',N,1)-2*X*x')/hh);
for yy=1:c
  yk=(y==yy); ky=k(:,yk);
  ty=(ky'*ky+l*eye(sum(yk)))\(ky'*yk);
  Kt(:,yy)=max(0,K(:,yk)*ty);
end
ph=Kt./repmat(sum(Kt,2),1,c);

figure(1); clf; hold on; axis([-5 5 -0.3 1.8]);
plot (X,ph(:,1),'b-'); plot(X,ph(:,2),'r--');
plot(X,ph(:,3),'g:');
plot(x(y==1),-0.1*ones(n/c,1),'bo');
plot(x(y==2),-0.2*ones(n/c,1),'rx');
plot(x(y==3),-0.1*ones(n/c,1),'gv');
legend('p(y=1|x)','p(y=2|x)','p(y=3|x)')
```

图10.6 最小二乘概率分类器的MATLAB程序源代码

综上所述，最小二乘概率分类器能够得到与Logistic回归基本相同的学习结果。Logistic回归模型(10.1)包含正则化项，因此，与各个类别模型的基函数个数b和类别数c相对应，其参数个数为bc个。另一方面，最小二乘概率分类器使用了没有正则化项的线性模型(10.3)，所以是对有b个参数的模型，对各类别进行c次独立学习的过程。在类别数c很大的情况下，比起对有bc个参数的大型模型进行一次学习，对有b个参数的小型模型进行c次学习会更有效率一些。另外，由于Logistic回归学习包含非线性的对数函数，因此如图10.1所示，必须要通过反复迭代的方式进行求解，需要花费大量的学习时间。另一方面，最小二乘概率分类器中求解最小二乘解的解析过程，则更有效率一些。

然而，最小二乘概率分类器的输出应该为概率的形式，所以需要进行式(10.5)那样的后续处理。虽然在训练样本数n足够大的情况下，后续处理几乎不会有什么影响，但是当训练样本数非常小的时候，就可能会导致学习效率低下。因此，一般的处理方式是，当训练样本数较多的时候，采用最小二乘概率分类器的方法；而当训练样本数较少的时候，则采用Logistic回归的方法。

11 序列数据的分类

　　本章主要介绍如字符串这样的序列数据的分类问题（图11.1）。如果文字是独立出现的，对各个文字分别进行识别的话，本书之前介绍的各种模式识别算法都是适用的。然而，字符串中的文字一般都有一定的规律可循，比如相同的文字一般不会连续出现，或者在特定文字出现之后，一般会紧接着出现什么文字等。如果能够充分利用这些规律，就能够使字符串的识别精度大幅提高。另一方面，在对字符串中的所有文字进行一次性识别的时候，分类类别个数将随字符串长度呈指数级增长，这将使学习变得异常困难。因此，本章将介绍通过灵活应用字符串的前后关系，以在合理的计算时间范围内实现对字符串的学习的算法。这种算法一般称为条件随机场（Conditional Random Field, CRF）。

图11.1　字符串的分类问题。比起将字符串拆分成独立的文字，并分别对各个文字进行识别，对字符串整体同时进行识别的话，因为能充分利用文字的前后关系，所以识别精度会更高

11.1 序列数据的模型化

首先说明当序列中各模式的种类为 c 个的时候，连续的 m 个模式的序列分类问题。例如在如图 11.1 所示的数字序列的识别问题中，模式的种类为 $c=10$，序列的长度为 $m=10$。将顺序为 k 的模式定义为 $\boldsymbol{x}^{(k)}$，该模式所属的类别定义为 $y^{(k)}$，然后将这样的 m 个模式的序列分别用 $\overline{\boldsymbol{x}}$ 和 $\overline{y}$ 进行表示。

$$\overline{\boldsymbol{x}} = (\boldsymbol{x}^{(1)}, \cdots, \boldsymbol{x}^{(m)}), \ \overline{y} = (y^{(1)}, \cdots, y^{(m)})$$

如果对各个模式 $\boldsymbol{x}^{(k)}$ 进行独立的识别，那么 c 个类别的模式识别问题进行 m 次求解就可以完成对此模式序列的识别（图 11.2(a)）。例如，使用 10.1 节介绍的 Logistic 回归方法，

$$q(y\,|\,\boldsymbol{x};\boldsymbol{\theta}) = \frac{\exp\left(\boldsymbol{\theta}_y^\top \boldsymbol{\phi}(\boldsymbol{x})\right)}{\sum_{y'=1}^c \exp\left(\boldsymbol{\theta}_{y'}^\top \boldsymbol{\phi}(\boldsymbol{x})\right)}$$

可以使用上式定义的类别后验概率 $p(y\,|\,\boldsymbol{x})$ 模型，对各个模式进行识别。

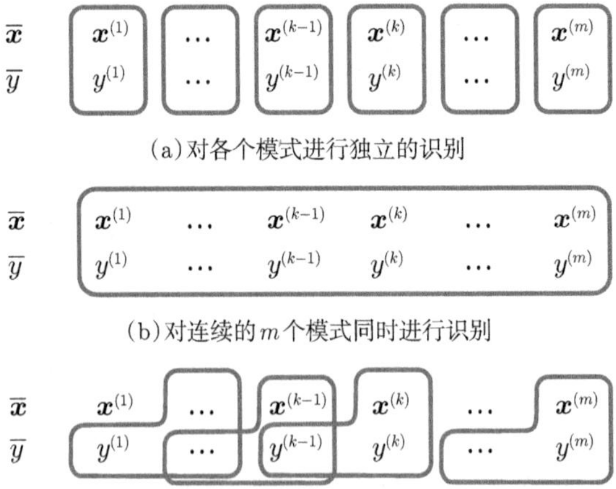

(a) 对各个模式进行独立的识别

(b) 对连续的 m 个模式同时进行识别

(c) 通过连续的两种模式的组合，对模式序列整体进行识别

图 11.2 模式序列的识别模型

在这里，$\phi(\boldsymbol{x}) \in \mathbb{R}^b$ 是与模式 $\boldsymbol{x}$ 相对应的基函数向量，$\boldsymbol{\theta}_y \in \mathbb{R}^b$ 为与类别 y 相对应的参数向量，$\boldsymbol{\theta} = (\boldsymbol{\theta}_1^\top, \cdots, \boldsymbol{\theta}_c^\top)^\top \in \mathbb{R}^{bc}$ 为综合了所有类别的参数向量。然而，这样的识别方式并没有充分利用各个模式的前后关系。

与此相对，在各模式的类别为 c 个的情况下，如果对连续的 m 个模式同时进行识别的话，就需要对 $\bar{c} = c^m$ 个类别的模式识别问题进行求解（图 11.2(b)）。与这种方式对应的 Logistic 模型，可以通过下式加以定义。

$$q(\overline{y} \,|\, \overline{\boldsymbol{x}}; \overline{\boldsymbol{\theta}}) = \frac{\exp\left(\overline{\boldsymbol{\theta}}_y^\top \overline{\phi}(\overline{\boldsymbol{x}})\right)}{\sum_{y'=1}^{c^m} \exp\left(\overline{\boldsymbol{\theta}}_{y'}^\top \overline{\phi}(\overline{\boldsymbol{x}})\right)} \tag{11.1}$$

在这里，

$$\overline{\phi}(\overline{\boldsymbol{x}}) = (\phi(\boldsymbol{x}^{(1)})^\top, \cdots, \phi(\boldsymbol{x}^{(m)})^\top)^\top \in \mathbb{R}^{bm}$$

是与模式序列 $\overline{\boldsymbol{x}} = (\boldsymbol{x}^{(1)}, \ldots, \boldsymbol{x}^{(m)})$ 相对应的基函数向量，

$$\overline{\boldsymbol{\theta}}_{\overline{y}} = (\boldsymbol{\theta}_{\overline{y}}^{(1)\top}, \cdots, \boldsymbol{\theta}_{\overline{y}}^{(m)\top})^\top \in \mathbb{R}^{bm}$$

是与类别相对应的参数向量[①]，

$$\overline{\boldsymbol{\theta}} = (\overline{\boldsymbol{\theta}}_1^\top, \cdots, \overline{\boldsymbol{\theta}}_{\overline{c}}^\top)^\top \in \mathbb{R}^{bm\overline{c}}$$

是与模式序列中所有模式对应的参数向量。然而，在这种方式里，由于类别个数 $\overline{c}$ 和参数 $\overline{\boldsymbol{\theta}}$ 的维度是以模式序列的长度 m 为基数呈指数级增长的，因此直接对其进行学习往往很困难。

于是这里假定只有前一个模式所属的类别 $y^{(k-1)}$ 会对现在的模式 $\boldsymbol{x}^{(k)}$ 所属的类别 $y^{(k)}$ 有影响，通过把连续的两个模式的识别加以组合，对模式序列全体进行识别（图 11.2(c)）。这样的方法，并不是简单地对连续的两种模式所对应的 c^2 个类别的识别问题进行单独求解，而是尽可能地对模式序列全体同时进行识别。这种方法称为条件随机场，用

---

① $\overline{y}$ 与把类别标签序列 $y^{(1)}, \cdots, y^{(m)} \in \{1, \cdots, c\}$ 用 $\sum_{k=1}^m c^{k-1}(y^{(k)}-1)+1$ 的标量形式表现的方法相对应。

下式加以定义。

$$q(\overline{y} \mid \overline{x}; \zeta) = \frac{\exp\left(\zeta^\top \varphi(\overline{x}, \overline{y})\right)}{\sum_{\overline{y}'=1}^{\overline{c}} \exp\left(\zeta^\top \varphi(\overline{x}, \overline{y}')\right)}$$

在这里，$\varphi(\overline{x}, \overline{y})$ 表示的是基函数向量，其特点是并不只依赖于输入 $\overline{x}$，输出 $\overline{y}$ 也对其有影响。

然而，在这个模型里，如果设定

$$\zeta = \overline{\theta}, \quad \varphi(\overline{x}, \overline{y}) = e_{\overline{y}}^{(\overline{c})} \otimes \overline{\phi}(\overline{x})$$

就与参数序列 $\overline{x}$ 对应的 Logistic 模型（11.1）是一致的。这里，$e_{\overline{y}}^{(\overline{c})}$ 表示的是元素 $\overline{y}$ 为 1、其他元素为 0 的 $\overline{c}$ 次维向量

$$e_{\overline{y}}^{(\overline{c})} = (\underbrace{0, \cdots, 0}_{(\overline{y}-1)\text{个}}, 1, \underbrace{0, \cdots, 0}_{(\overline{c}-\overline{y})\text{个}})^\top \in \mathbb{R}^{\overline{c}}$$

$\otimes$ 表示的是克罗内克积。

对于 $\boldsymbol{f} = (f_1, \cdots, f_u)^\top \in \mathbb{R}^u$，$\boldsymbol{g} \in \mathbb{R}^v$，
有 $\boldsymbol{f} \otimes \boldsymbol{g} = (f_1 \boldsymbol{g}^\top, \cdots, f_u \boldsymbol{g}^\top)^\top \in \mathbb{R}^{uv}$。

也就是说，上述的条件随机场模型，仅仅是表现形式发生了些许变化，但其本质上与式（11.1）的 Logistic 模型是一致的。这里假定只有前一个模式会对现在的模式有影响，使模式变得单一、简单，以大幅抑制模式的个数。

具体而言，将基函数向量 $\varphi(\overline{x}, \overline{y})$ 定义为连续的两个模式所对应的基函数向量的和。

$$\varphi(\boldsymbol{x}, \overline{y}) = \sum_{k=1}^{m} \varphi(\boldsymbol{x}^{(k)}, y^{(k)}, y^{(k-1)}), \quad y^{(0)} = y^{(1)} \tag{11.2}$$

其中，与连续的两个模式相对应的基函数向量 $\varphi(\boldsymbol{x}^{(k)}, y^{(k)}, y^{(k-1)})$，可

以使用下式来表示。

$$\boldsymbol{\varphi}(\boldsymbol{x}^{(k)}, y^{(k)}, y^{(k-1)}) = \begin{pmatrix} \boldsymbol{e}_{y^{(k)}}^{(c)} \otimes \boldsymbol{\phi}(\boldsymbol{x}^{(k)}) \\ \boldsymbol{e}_{y^{(k)}}^{(c)} \otimes \boldsymbol{e}_{y^{(k-1)}}^{(c)} \end{pmatrix} \in \mathbb{R}^{cb+c^2} \qquad (11.3)$$

如果使用了上式的基函数向量的话，参数向量 $\boldsymbol{\zeta}$ 的维数就是 $cb+c^2$，将不再依赖于模式序列的长度 m。

下面来考虑把有标签的模式序列

$$\left\{ (\overline{\boldsymbol{x}}_i, \overline{y}_i) \,\middle|\, \overline{\boldsymbol{x}}_i = (\boldsymbol{x}_i^{(1)}, \cdots, \boldsymbol{x}_i^{(m_i)}), \; \overline{y}_i = \sum_{k=1}^{m_i} c^{k-1}(y_i^{(k)} - 1) + 1 \right\}_{i=1}^n$$

作为训练样本的情况。这里假定允许模式序列 $\overline{\boldsymbol{x}}_i$ 的长度 m_i 可以根据序列的不同而存在差异。另外，$\overline{y}_i$ 是有标签的序列 $y_i^1, \cdots, y_i^{(m_i)}$ 的标量形式。利用这样的训练样本，即可使用最大似然估计对参数 $\boldsymbol{\zeta}$ 进行学习。

$$\max_{\boldsymbol{\zeta}} \sum_{i=1}^n \log \frac{\exp\left(\boldsymbol{\zeta}^\top \boldsymbol{\varphi}(\overline{\boldsymbol{x}}_i, \overline{y}_i)\right)}{\sum_{\overline{y}'=1}^{\overline{c}_i} \exp\left(\boldsymbol{\zeta}^\top \boldsymbol{\varphi}(\overline{\boldsymbol{x}}_i, \overline{y}')\right)}, \; \boldsymbol{\varphi}(\overline{\boldsymbol{x}}_i, \overline{y}_i) = \sum_{k=1}^{m_i} \boldsymbol{\varphi}(\boldsymbol{x}_i^{(k)}, y_i^{(k)}, y_i^{(k-1)})$$

$\overline{c}_i = c^{m_i}$ 是长度为 m_i 的模式序列所对应的类别个数。如果使用随机梯度算法的话，就可以与 10.1 节介绍的 Logistic 回归问题一样，在原理上可以对条件随机场的最优化问题进行求解。图 11.3 表示的是具体的算法流程。

11.2 条件随机场模型的学习

如图 11.3 所示的随机梯度算法中的梯度

$$\frac{\sum_{\overline{y}=1}^{\overline{c}_i} \exp\left(\boldsymbol{\zeta}^\top \boldsymbol{\varphi}(\overline{\boldsymbol{x}}_i, \overline{y})\right) \boldsymbol{\varphi}(\overline{\boldsymbol{x}}_i, \overline{y})}{\sum_{\overline{y}'=1}^{\overline{c}_i} \exp\left(\boldsymbol{\zeta}^\top \boldsymbol{\varphi}(\overline{\boldsymbol{x}}_i, \overline{y}')\right)} \qquad (11.4)$$

因为 $\overline{c}_i = c^{m_i}$，所以关于这部分的计算时间将以序列长度 m_i 为基数呈指数级增长。在这里，基于对式 (11.2) 的分解，通过引入递归的动态规划法，可以使计算时间大幅减少（图 11.4）。

❶ 给 ζ 以适当的初值。

❷ 随机选择一个训练样本(假设选择了顺序为 i 的训练样本 $(\overline{x}_i, \overline{y}_i)$)。

❸ 对于选定的训练样本,以梯度上升的方向对参数 ζ 进行更新。

$$\zeta \leftarrow \zeta + \varepsilon \left(\varphi(\overline{x}_i, \overline{y}_i) - \frac{\sum_{\overline{y}=1}^{\overline{c}_i} \exp\left(\zeta^\top \varphi(\overline{x}_i, \overline{y})\right) \varphi(\overline{x}_i, \overline{y})}{\sum_{\overline{y}'=1}^{\overline{c}_i} \exp\left(\zeta^\top \varphi(\overline{x}_i, \overline{y}')\right)} \right)$$

在这里,ε 为表示梯度向上的幅度的正常数。$\overline{c}_i = c^{m_i}$ 是长度为 m_i 的模式序列所对应的类别个数。

❹ 直到解 ζ 达到收敛精度为止,重复上述 ❷、❸ 步的计算。

图11.3 使用随机梯度算法的条件随机场的算法流程

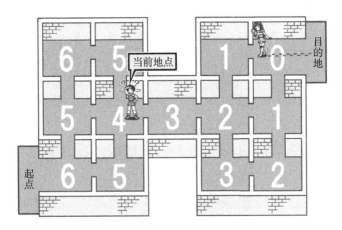

图11.4 动态规划法。例如在计算到目的地的距离时,并不是从当前地点开始计算到目的地的距离,而是从目的地开始倒着进行计算

首先,将式(11.4)中的分母分解为 $y^{(1)}, \cdots, y^{(m_i-1)}$ 和 $y^{(m_i)}$。

$$\sum_{y^{(1)}, \cdots, y^{(m_i)}=1} \exp\left(\sum_{k=1}^{m_i} \zeta^\top \varphi(x_i^{(k)}, y^{(k)}, y^{(k-1)})\right) = \sum_{y^{(m_i)}=1}^{c} A_{m_i}(y^{(m_i)})$$

$$(11.5)$$

这里设定

$$A_\tau(y) = \sum_{y^{(1)},\cdots,y^{(\tau-1)}=1}^{c} \exp\left(\sum_{k=1}^{\tau-1} \boldsymbol{\zeta}^\top \boldsymbol{\varphi}(\boldsymbol{x}_i^{(k)}, y^{(k)}, y^{(k-1)}) + \boldsymbol{\zeta}^\top \boldsymbol{\varphi}(\boldsymbol{x}_i^{(\tau)}, y, y^{(\tau-1)})\right)$$

对于上式中的$A_\tau(y^{(\tau)})$，可以利用$A_{\tau-1}(y^{(\tau-1)})$进行如下的递归计算。

$$A_\tau(y^{(\tau)}) = \sum_{y^{(1)},\cdots,y^{(\tau-1)}=1}^{c} \exp\left(\sum_{k=1}^{\tau} \boldsymbol{\zeta}^\top \boldsymbol{\varphi}(\boldsymbol{x}_i^{(k)}, y^{(k)}, y^{(k-1)})\right)$$

$$= \sum_{y^{(\tau-1)}=1}^{c} A_{\tau-1}(y^{(\tau-1)}) \exp\left(\boldsymbol{\zeta}^\top \boldsymbol{\varphi}(\boldsymbol{x}_i^{(\tau)}, y^{(\tau)}, y^{(\tau-1)})\right)$$

如果单纯地计算$A_{m_i}(y^{(m_i)})$，计算时间是与c^{m_i}成比例的。但是，如果使用上式的递归方式按照$A_1(y^{(1)}),\cdots,A_{m_i}(y^{(m_i)})$的顺序进行计算的话，计算时间就与$c^2 m_i$成比例了。当然，$\boldsymbol{\zeta}^\top \boldsymbol{\varphi}(\boldsymbol{x}, y, y')$的计算时间并没有包括在内。

然后，将式(11.4)的分子分解为$y^{(1)},\cdots,y^{(k'-2)}$和$y^{(k'-1)}$，$y^{(k')}$和$y^{(k'+1)},\cdots,y^{(m_i)}$进行分解。

$$\sum_{y^{(1)},\cdots,y^{(m_i)}=1}^{c} \exp\left(\sum_{k=1}^{m_i} \boldsymbol{\zeta}^\top \boldsymbol{\varphi}(\boldsymbol{x}_i^{(k)}, y^{(k)}, y^{(k-1)})\right)\left(\sum_{k'=1}^{m_i} \boldsymbol{\varphi}(\boldsymbol{x}_i^{(k')}, y^{(k')}, y^{(k'-1)})\right)$$

$$= \sum_{k'=1}^{m_i} \sum_{y^{(1)},\cdots,y^{(k'-2)}=1}^{c} \sum_{y^{(k'-1)},y^{(k')}=1}^{c} \sum_{y^{(k'+1)},\cdots,y^{(m_i)}=1}^{c}$$

$$\exp\left(\sum_{k=1}^{m_i} \boldsymbol{\zeta}^\top \boldsymbol{\varphi}(\boldsymbol{x}_i^{(k)}, y^{(k)}, y^{(k-1)})\right) \boldsymbol{\varphi}(\boldsymbol{x}_i^{(k')}, y^{(k')}, y^{(k'-1)})$$

$$= \sum_{k'=1}^{m_i} \sum_{y^{(k'-1)},y^{(k')}=1}^{c} \boldsymbol{\varphi}(\boldsymbol{x}_i^{(k')}, y^{(k')}, y^{(k'-1)})$$

$$\times \exp\left(\boldsymbol{\zeta}^\top \boldsymbol{\varphi}(\boldsymbol{x}_i^{(k')}, y^{(k')}, y^{(k'-1)})\right) A_{k'-1}(y^{(k'-1)}) B_{k'}(y^{(k')})$$

$$(11.6)$$

这里设定

$$
B_\tau(y) = \sum_{y^{(\tau+1)},\cdots,y^{(m_i)}=1}^{c} \exp\left(\sum_{k=\tau+2}^{m_i} \boldsymbol{\zeta}^\top \boldsymbol{\varphi}(\boldsymbol{x}_i^{(k)}, y^{(k)}, y^{(k-1)}) \right.
$$
$$
\left. + \boldsymbol{\zeta}^\top \boldsymbol{\varphi}(\boldsymbol{x}_i^{(\tau+1)}, y^{(\tau+1)}, y) \right)
$$

对于上式中的$B_\tau(y^{(\tau)})$，可以利用$B_{\tau+1}(y^{(\tau+1)})$进行如下的递归计算。

$$
B_\tau(y^{(\tau)}) = \sum_{y^{(\tau+1)},\cdots,y^{(m_i)}=1}^{c} \exp\left(\sum_{k=\tau+1}^{m_i} \boldsymbol{\zeta}^\top \boldsymbol{\varphi}(\boldsymbol{x}_i^{(k)}, y^{(k)}, y^{(k-1)}) \right)
$$
$$
= \sum_{y^{(\tau+1)}=1}^{c} B_{\tau+1}(y^{(\tau+1)}) \exp\left(\boldsymbol{\zeta}^\top \boldsymbol{\varphi}(\boldsymbol{x}_i^{(\tau+1)}, y^{(\tau+1)}, y^{(\tau)}) \right)
$$

如果单纯地计算$B_1(y^{(1)})$的话，计算时间是与c^{m_i}成比例的。但是，如果使用上式的递归方式按照$B_{m_i}(y^{(m_i)}),\cdots,B_1(y^{(1)})$的顺序进行计算的话，计算时间就与$c^2 m_i$成比例了。当然，$\boldsymbol{\zeta}^\top \boldsymbol{\varphi}(\boldsymbol{x}, y, y')$的计算时间并没有包括在内。

对上述的计算过程加以总结，即首先使用动态规划法对$\{A_k(y^{(k)})\}_{k=1}^{m_i}$和$\{B_k(y^{(k)})\}_{k=1}^{m_i}$进行求解。然后，利用得到的结果，通过式(11.5)和式(11.6)的等号右边的算式分别对式(11.4)中的分母和分子进行计算。这样就可以对条件随机场模型的随机梯度算法进行高效地求解了。

11.3 利用条件随机场模型对标签序列进行预测

如果使用学习过的条件随机场模型$q(\overline{y} \mid \overline{\boldsymbol{x}}; \widehat{\boldsymbol{\zeta}})$就可以通过求解后验概率最大时对应的标签序列，对测试序列模式$\overline{\boldsymbol{x}}$所对应的标签序列$\overline{y}$进行预测了。

$$
\underset{y^{(1)},\cdots,y^{(m)}\in\{1,\cdots,c\}}{\mathrm{argmax}} \quad q(\overline{y} \mid \overline{\boldsymbol{x}}; \widehat{\boldsymbol{\zeta}})
$$

然而，如果这样计算下去的话，这个最大化的计算时间是以序列模式 $\overline{\boldsymbol{x}}$ 的长度 m 为基数呈指数级增长的。因此，可以使用与学习时相同的动态规划法对计算时间进行缩减。

首先，上述的最大化问题可以简化为如下形式。

$$
\operatorname*{argmax}_{y^{(1)},\cdots,y^{(m)}\in\{1,\cdots,c\}} \frac{\exp\left(\widehat{\boldsymbol{\zeta}}^{\top}\boldsymbol{\varphi}(\overline{\boldsymbol{x}},\overline{y})\right)}{\sum_{\overline{y}=1}^{\overline{c}}\exp\left(\widehat{\boldsymbol{\zeta}}^{\top}\boldsymbol{\varphi}(\overline{\boldsymbol{x}},\overline{y})\right)} = \operatorname*{argmax}_{y^{(1)},\cdots,y^{(m)}\in\{1,\cdots,c\}}\left(\widehat{\boldsymbol{\zeta}}^{\top}\boldsymbol{\varphi}(\overline{\boldsymbol{x}},\overline{y})\right)
$$

然后将右边的最大化问题分解为 $y^{(1)},\cdots,y^{(m-1)}$ 和 $y^{(m)}$。

$$
\max_{y^{(1)},\cdots,y^{(m)}\in\{1,\cdots,c\}} \widehat{\boldsymbol{\zeta}}^{\top}\boldsymbol{\varphi}(\overline{\boldsymbol{x}},\overline{y}) = \max_{y^{(m)}\in\{1,\cdots,c\}} P_m(y^{(m)})
$$

这里设定

$$
P_{\tau}(y) = \max_{y^{(1)},\cdots,y^{(\tau-1)}\in\{1,\cdots,c\}}\left[\sum_{k=1}^{\tau-1}\widehat{\boldsymbol{\zeta}}^{\top}\boldsymbol{\varphi}(\boldsymbol{x}^{(k)},y^{(k)},y^{(k-1)}) + \widehat{\boldsymbol{\zeta}}^{\top}\boldsymbol{\varphi}(\boldsymbol{x}^{(\tau)},y,y^{(\tau-1)})\right]
$$

对于式中的 $P_{\tau}(y^{(\tau)})$，可以利用 $P_{\tau-1}(y^{(\tau-1)})$ 进行如下的递归计算。

$$
\begin{aligned}
P_{\tau}(y^{(\tau)}) &= \max_{y^{(1)},\cdots,y^{(\tau-1)}\in\{1,\cdots,c\}}\left[\sum_{k=1}^{\tau}\widehat{\boldsymbol{\zeta}}^{\top}\boldsymbol{\varphi}(\boldsymbol{x}^{(k)},y^{(k)},y^{(k-1)})\right] \\
&= \max_{y^{(\tau-1)}\in\{1,\cdots,c\}}\left[P_{\tau-1}(y^{(\tau-1)}) + \widehat{\boldsymbol{\zeta}}^{\top}\boldsymbol{\varphi}(\boldsymbol{x}^{(\tau)},y^{(\tau)},y^{(\tau-1)})\right]
\end{aligned}
$$

如果单纯地计算 $P_m(y^{(m)})$，计算时间是与 c^m 成比例的。但是，如果使用上式的递归方式按照 $P_1(y^{(1)}),\cdots,P_m(y^{(m)})$ 的顺序进行计算的话，计算时间就与 c^2m 成比例了。当然，$\widehat{\boldsymbol{\zeta}}^{\top}\boldsymbol{\varphi}(\boldsymbol{x},y,y')$ 的计算时间并没有包括在内。

第 **IV** 部分 无监督学习

在本书的第 Ⅱ 部分和第 Ⅲ 部分，介绍了对输入和输出都是成对出现的训练样本 $\{(\boldsymbol{x}_i, y_i)\}_{i=1}^{n}$ 进行有监督学习的回归和分类算法。在第 Ⅳ 部分，将介绍在没有输出信息时，只利用输入样本 $\{\boldsymbol{x}_i\}_{i=1}^{n}$ 的信息进行无监督学习的方法。

在接下来的第12章，将介绍删除样本 $\{\boldsymbol{x}_i\}_{i=1}^{n}$ 中包含的异常值的方法。第13章介绍把高次维的样本 $\{\boldsymbol{x}_i\}_{i=1}^{n}$ 变为低次维进行求解的降维方法。第14章介绍基于样本 $\{\boldsymbol{x}_i\}_{i=1}^{n}$ 的各自的相似度的分组方法，即聚类方法。

12 异常检测

Chapter

异常检测，是指找出给定的输入样本 $\{\boldsymbol{x}_i\}_{i=1}^n$ 中包含的异常值的问题。虽然在本书的第 II 部分和第 III 部分中已经介绍了对异常值具有较高鲁棒性的学习法，但是当样本中包含较多异常值的时候，先除去异常值再进行学习的方法，一般会更有效。

如果是给定了带有正常值或异常值标签的数据的话，异常检测就可以看作是有监督学习的分类问题了。但是异常值的种类繁多，一般而言要想从少量的异常数据中训练出有效的、可以区分正常和异常数据的分类器是很困难的。本章将介绍两种只利用输入样本 $\{\boldsymbol{x}_i\}_{i=1}^n$ 信息的无监督异常检测方法，一种是局部异常因子法，另一种是支持向量机异常检测器。另外，也将介绍通过在训练样本集 $\{\boldsymbol{x}_i\}_{i=1}^n$ 之上附加正常值样本集 $\{\boldsymbol{x}_{i'}'\}_{i'=1}^{n'}$，进行更高精度的异常检测的"弱监督异常检测法"。

12.1 局部异常因子

局部异常因子，是指对偏离大部分数据的异常数据进行检测的方法。首先，从 $\boldsymbol{x}$ 到 $\boldsymbol{x}'$ 的可达距离

$$\mathrm{RD}_k(\boldsymbol{x}, \boldsymbol{x}') = \max\left(\|\boldsymbol{x} - \boldsymbol{x}^{(k)}\|, \|\boldsymbol{x} - \boldsymbol{x}'\| \right)$$

可以由上式加以定义。RD 是 Reachability Distance 的首字母。$\boldsymbol{x}^{(k)}$ 表示的是训练样本 $\{\boldsymbol{x}_i\}_{i=1}^n$ 中距离 $\boldsymbol{x}$ 第 k 近的样本。从 $\boldsymbol{x}$ 到 $\boldsymbol{x}'$ 的可达距离是指，从 $\boldsymbol{x}$ 到 $\boldsymbol{x}'$ 的直线距离为 $\|\boldsymbol{x} - \boldsymbol{x}'\|$，如果 $\boldsymbol{x}'$ 比 $\boldsymbol{x}^{(k)}$ 距 $\boldsymbol{x}$ 更近的话，则直接使用 $\|\boldsymbol{x} - \boldsymbol{x}^{(k)}\|$ 的值来表示。使用这个可达距离，$\boldsymbol{x}$ 的局部可达密度可由下式加以定义。

$$\mathrm{LRD}_k(\boldsymbol{x}) = \left(\frac{1}{k} \sum_{i=1}^k \mathrm{RD}_k(\boldsymbol{x}^{(i)}, \boldsymbol{x}) \right)^{-1}$$

LRD是Local Reachability Density的首字母。$\boldsymbol{x}$ 的局部可达密度，是从 $\boldsymbol{x}^{(i)}$ 到 $\boldsymbol{x}$ 的可达距离的平均值的倒数。当 $\boldsymbol{x}$ 的训练样本密度值很高的时候，局部可达密度的值也较大。

应用这个局部可达密度，$\boldsymbol{x}$ 的局部异常因子可由下式加以定义。

$$\mathrm{LOF}_k(\boldsymbol{x}) = \frac{\frac{1}{k}\sum_{i=1}^{k}\mathrm{LRD}_k(\boldsymbol{x}^{(i)})}{\mathrm{LRD}_k(\boldsymbol{x})}$$

LOF是Local Outlier Factor的首字母，$\mathrm{LOF}_k(\boldsymbol{x})$ 的值越大，$\boldsymbol{x}$ 的异常度就越大。$\mathrm{LOF}_k(\boldsymbol{x})$ 是 $\boldsymbol{x}^{(i)}$ 的局部可达密度的平均值和 $\boldsymbol{x}$ 的局部可达密度的比。当 $\boldsymbol{x}^{(i)}$ 的周围的密度比较高而 $\boldsymbol{x}$ 周围的密度比较低的时候，局部异常因子就比较大，$\boldsymbol{x}$ 就会被看作是异常值。与此相对，当 $\boldsymbol{x}^{(i)}$ 的周围的密度比较低而 $\boldsymbol{x}$ 周围的密度比较高的时候，局部异常因子就比较小，$\boldsymbol{x}$ 就会被看作是正常值。

图12.1表示的是局部异常因子的实例。显而易见，偏离大部分正常值的数据点具有较高的异常值。图12.2表示的是局部异常因子的MATLAB程序源代码。

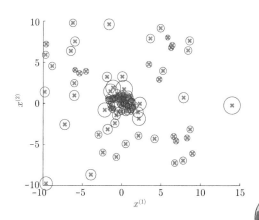

各个样本周围的圆的半径，与样本的局部异常因子的值成正比。圆的半径越大，其样本越倾向于异常值。

图12.1 局部异常因子的实例

```
n=100; x=[(rand(n/2,2)-0.5)*20; randn(n/2,2)]; x(n,1)=14;
k=3; x2=sum(x.^2,2);
[s,t]=sort(sqrt(repmat(x2,1,n)+repmat(x2',n,1)-2*x*x'),2);

for i=1:k+1
  for j=1:k
    RD(:,j)=max(s(t(t(:,i),j+1),k),s(t(:,i),j+1));
  end
  LRD(:,i)=1./mean(RD,2);
end
LOF=mean(LRD(:,2:k+1),2)./LRD(:,1);

figure(1); clf; hold on
plot(x(:,1),x(:,2),'rx');
for i=1:n
  plot(x(i,1),x(i,2),'bo','MarkerSize',LOF(i)*10);
end
```

图12.2 局部异常因子的MATLAB程序源代码

　　局部异常因子，是遵循预先制定的规则（偏离大部分正常值的数据被认为是异常值），寻找异常值的无监督的异常检测算法。所以，如果事先制定的规则与用户的期望不相符，就不能找到正确的异常值。虽然通过改变近邻数 k 的值也可以在某种程度上对异常检测做出调整，但是对于无监督学习而言，由于通常不会给定有关异常值的任何信息，所以决定近邻数 k 的取值一般是比较困难的。另外，为了寻找 k 近邻样本，需要计算所有 n 个训练样本间的距离并进行分组，当 n 非常大的时候，计算负荷也会相应地增加，这也是需要考虑的问题。

12.2 支持向量机异常检测

在无监督学习的异常检测中引入学习要素，即为支持向量机异常检测器。

支持向量机异常检测器会求出几乎包含所有训练样本 $\{\boldsymbol{x}_i\}_{i=1}^n$ 的超球，并将没有包含在超球内的训练样本看作是异常值。具体而言，就是通过求解下述的最优化问题来求得超球的球心 $\boldsymbol{c}$ 和半径 R（图12.3）。

$$\min_{\boldsymbol{c},R,\boldsymbol{\xi}}\left[R^2 + C\sum_{i=1}^n \xi_i\right]$$

约束条件 $\|\boldsymbol{x}_i - \boldsymbol{c}\|^2 \leqslant R^2 + \xi_i,\ \xi_i \geqslant 0$ 对于 $i = 1, \cdots, n$

这样就变成了与第8章介绍的支持向量机分类器类似的最优化问题。拉格朗日函数（图4.5）如下式所示。

$$L(\boldsymbol{c}, R, \boldsymbol{\xi}, \boldsymbol{\alpha}, \boldsymbol{\beta}) = R^2 + C\sum_{i=1}^n \xi_i - \sum_{i=1}^n \alpha_i\left(R^2 + \xi_i - \|\boldsymbol{x}_i - \boldsymbol{c}\|^2\right) - \sum_{i=1}^n \beta_i \xi_i$$

上式中，$\boldsymbol{\alpha}$ 和 $\boldsymbol{\beta}$ 为拉格朗日乘子。这个最优化问题的拉格朗日对偶问题（图4.5）为

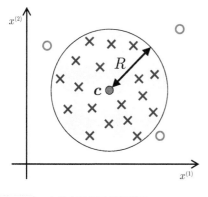

先求出几乎包含所有训练样本的超球，并将没有被超球包含的训练样本看作是异常值。

图12.3 支持向量机异常检测器

$$\max_{\boldsymbol{\alpha},\boldsymbol{\beta}} \inf_{\boldsymbol{c},R,\boldsymbol{\xi}} L(\boldsymbol{c}, R, \boldsymbol{\xi}, \boldsymbol{\alpha}, \boldsymbol{\beta}) \quad \text{约束条件} \ \boldsymbol{\alpha} \geqslant 0, \boldsymbol{\beta} \geqslant 0$$

通过 $\inf_{\boldsymbol{c},R,\boldsymbol{\xi}} L(\boldsymbol{c}, R, \boldsymbol{\xi}, \boldsymbol{\alpha}, \boldsymbol{\beta})$ 的最优条件，可以得到

$$\frac{\partial L}{\partial \boldsymbol{c}} = 0 \implies \boldsymbol{c} = \frac{\sum_{i=1}^{n} \alpha_i \boldsymbol{x}_i}{\sum_{i=1}^{n} \alpha_i}$$

$$\frac{\partial L}{\partial R} = 0 \implies \sum_{i=1}^{n} \alpha_i = 1$$

$$\frac{\partial L}{\partial \xi_i} = 0 \implies \alpha_i + \beta_i = C, \ \forall i = 1, \cdots, n$$

这样拉格朗日对偶问题就可以通过下式表示。

$$\widehat{\boldsymbol{\alpha}} = \underset{\boldsymbol{\alpha}}{\operatorname{argmax}} \left[\sum_{i=1}^{n} \alpha_i \boldsymbol{x}_i^{\top} \boldsymbol{x}_i - \sum_{i,j=1}^{n} \alpha_i \alpha_j \boldsymbol{x}_i^{\top} \boldsymbol{x}_j \right]$$
$$\text{约束条件} \ 0 \leqslant \alpha_i \leqslant C \ \text{对于} \ i = 1, \cdots, n$$

上式是目标函数为二次、约束条件为线性的二次规划问题的标准形式（图 8.5）。在求解二次规划问题方面，目前已经出现了很多优秀的方法，可以采用这些算法对 $\widehat{\boldsymbol{\alpha}}$ 进行求解。

通过这个最优化问题的 Karush-Kuhn-Tucker 最优化条件（图 8.7），与支持向量机分类器相类似，可以得到下述关系式。

- 如果 $\alpha_i = 0$，则 $\|\boldsymbol{x}_i - \boldsymbol{c}\|^2 \leqslant R^2$
- 如果 $0 < \alpha_i < C$，则 $\|\boldsymbol{x}_i - \boldsymbol{c}\|^2 = R^2$
- 如果 $\alpha_i = C$，则 $\|\boldsymbol{x}_i - \boldsymbol{c}\|^2 \geqslant R^2$
- 如果 $\|\boldsymbol{x}_i - \boldsymbol{c}\|^2 < R^2$，则 $\alpha_i = 0$
- 如果 $\|\boldsymbol{x}_i - \boldsymbol{c}\|^2 > R^2$，则 $\alpha_i = C$

也就是说，当 $\alpha_i = 0$ 的时候，样本 $\boldsymbol{x}_i$ 位于超球的表面或内侧；当 $0 < \alpha_i < C$ 的时候，样本 $\boldsymbol{x}_i$ 位于超球的表面；当 $\alpha_i = C$ 的时候，样本 $\boldsymbol{x}_i$ 位于超球的表面或外侧。另外，当样本 $\boldsymbol{x}_i$ 位于超球的内侧的时候，有 $\alpha_i = 0$；当样本 $\boldsymbol{x}_i$ 位于超球的外侧的时候，有 $\alpha_i = C$。

与支持向量机分类器的情况相类似，与 $0 < \alpha_i < C$ 对应的样本 $\boldsymbol{x}_i$ 称为支持向量。对于满足 $0 < \alpha_i < C$ 的支持向量 $\boldsymbol{x}_i$，等式 $\|\boldsymbol{x}_i - \boldsymbol{c}\|^2 = R^2$ 是成立的，所以超球半径的平方 R^2 的解 $\widehat{R}^2$ 可以通过下式求得。

$$\widehat{R}^2 = \left\| \boldsymbol{x}_i - \sum_{j=1}^{n} \widehat{\alpha}_j \boldsymbol{x}_j \right\|^2$$

另外，超球中心 $\boldsymbol{c}$ 的解 $\widehat{\boldsymbol{c}}$ 可以通过下式求得。

$$\widehat{\boldsymbol{c}} = \sum_{i=1}^{n} \widehat{\alpha}_i \boldsymbol{x}_i$$

支持向量机异常检测器，当样本 $\boldsymbol{x}_i$ 满足

$$\|\boldsymbol{x} - \widehat{\boldsymbol{c}}\|^2 > \widehat{R}^2$$

的时候，就会将其看作是异常值。另外，支持向量机异常检测器也可以像支持向量分类器那样使用核映射（8.4节）进行非线性化。

由于支持向量机异常检测器是通过数据对超球的中心或半径进行学习的，因此可以得到较为理想的异常检测结果。然而，异常检测的结果对于正则化参数 C、核函数种类的选择（如果使用了核映射的话）都有较强的依赖性，所以在实际应用中如何确定这些参数的最优值是一项很重要的工作。但是，由于无监督异常检测的设定中完全没有与异常值相关的信息，因此在实际应用中就需要用户找到这些参数的最优值。

12.3 基于密度比的异常检测

由于无监督学习的异常检测中完全没有与异常值相关的信息，因此要想进行理想的异常检测是很困难的。本节将介绍在给定已知是正常值的样本 $\{\boldsymbol{x}'_{i'}\}_{i'=1}^{n'}$ 的情况下，如何找出测试样本 $\{\boldsymbol{x}_i\}_{i=1}^{n}$ 中包含的异常值，即弱监督异常值检测问题。异常值各式各样，对其进行模型化

一般是比较困难的，而正常值则相对比较稳定，因此通过把非正常的数据看作是异常数据的方法，有望实现高精度的异常值检测。

如果能计算出已知是正常值的样本 $\{\boldsymbol{x}'_{i'}\}^{n'}_{i'=1}$ 的概率密度 $p'(\boldsymbol{x})$，测试样本 $\{\boldsymbol{x}_i\}^{n}_{i=1}$ 的概率密度的值 $\{p'(\boldsymbol{x}_i)\}^{n}_{i=1}$ 就可以看作是正常度。这样的方法，当概率密度函数 $p'(\boldsymbol{x})$ 的值较小的时候需要较高精度的估计，但是因为概率密度很低的时候数据基本上是没有的，所以想要进行高精度的估计往往是比较困难的。

因此，一般通过计算正常样本的概率密度 $p'(\boldsymbol{x})$ 和测试样本的概率密度 $p(\boldsymbol{x})$ 的比值

$$w(\boldsymbol{x}) = \frac{p'(\boldsymbol{x})}{p(\boldsymbol{x})}$$

把上式的密度比作为测试样本的正常度 $\{w(\boldsymbol{x}_i)\}^{n}_{i=1}$（图 12.4）。这样的密度比 $w(\boldsymbol{x})$，对于正常样本会输出接近 1 的值，对于异常样本则会输出和 1 相差较大的值。如图 12.4 所示，因为密度比函数对异常值的变化较为明显，因此使用密度比可以很容易地进行异常值的检测。

通过计算相应的概率密度 $p(\boldsymbol{x})$ 和 $p'(\boldsymbol{x})$，并求得其比值 $w(\boldsymbol{x}) = p'(\boldsymbol{x})/p(\boldsymbol{x})$，就可以得到最终的密度比。但是，对于计算得到的密度比，如果分母的值较小，则分子的误差会相应地增加。下面将介绍不计算概率密度而直接进行密度比估计的 KL 散度密度比估计法[①][13]。

首先，把密度比模型转化为与参数相关的线性模型。

$$w_{\boldsymbol{\alpha}}(\boldsymbol{x}) = \sum_{j=1}^{b} \alpha_j \psi_j(\boldsymbol{x}) = \boldsymbol{\alpha}^{\top} \boldsymbol{\psi}(\boldsymbol{x})$$

在这里，$\boldsymbol{\alpha} = (\alpha_1, \cdots, \alpha_b)^{\top}$ 为参数向量，$\boldsymbol{\psi}(\boldsymbol{x}) = (\psi_1(\boldsymbol{x}), \cdots, \psi_b(\boldsymbol{x}))^{\top}$ 为非负的基函数向量。$w_{\boldsymbol{\alpha}}(\boldsymbol{x})p(\boldsymbol{x})$ 可以看作是 $p'(\boldsymbol{x})$ 的估计，因此应该尽可能地使 $w_{\boldsymbol{\alpha}}(\boldsymbol{x})p(\boldsymbol{x})$ 朝着近似 $p'(\boldsymbol{x})$ 的方向对参数 $\boldsymbol{\alpha}$ 进行学习。

---

① Kullback–Leibler divergence，简称 KLD。有时称为相对熵（Relative Entropy）、信息散度、信息增益。——译者注

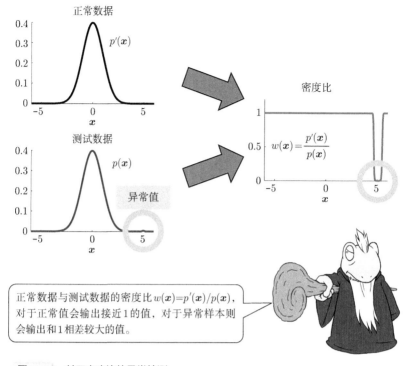

正常数据与测试数据的密度比 $w(\boldsymbol{x})=p'(\boldsymbol{x})/p(\boldsymbol{x})$，对于正常值会输出接近 1 的值，对于异常样本则会输出和 1 相差较大的值。

图12.4 基于密度比的异常检测

在这里，$w_\alpha(\boldsymbol{x})p(\boldsymbol{x})$ 和 $p'(\boldsymbol{x})$ 的相似度称为 KL 距离，$\mathrm{KL}(p' \| w_\alpha p)$ 用下式表示。

$$\mathrm{KL}(p' \| w_\alpha p) = \int p'(\boldsymbol{x}) \log \frac{p'(\boldsymbol{x})}{w_\alpha(\boldsymbol{x})p(\boldsymbol{x})} \mathrm{d}\boldsymbol{x}$$

"KL" 是 Kullback Leibler 的首字母，是为了纪念首次提出这个概念的 Kullback Leibler，而以他的名字命名的。一般情况下，$\mathrm{KL}(p' \| w_\alpha p)$ 是非负的，只有当 $p' = w_\alpha p$ 的时候其值为 0。因此，当 $\mathrm{KL}(p' \| w_\alpha p)$ 的值很小的时候，就认为 p' 和 $w_\alpha p$ 比较近似。KL 距离表示的是概率密度函数间的距离尺度，因此为了保证在对 $\mathrm{KL}(p' \| w_\alpha p)$ 进行最小化时，$w_\alpha(\boldsymbol{x})p(\boldsymbol{x})$ 为其概率密度函数，这里加上以下约束条件。

$$\int w_{\boldsymbol{\alpha}}(\boldsymbol{x})p(\boldsymbol{x})\mathrm{d}\boldsymbol{x} = 1, \quad \forall \boldsymbol{x}, \ w_{\boldsymbol{\alpha}}(\boldsymbol{x})p(\boldsymbol{x}) \geqslant 0$$

把上式包含的期望值作为样本平均值进行近似，忽略无关紧要的常数，即可转化为如下的最优化问题。

$$\max_{\boldsymbol{\alpha}} \frac{1}{n'} \sum_{i'=1}^{n'} \log w_{\boldsymbol{\alpha}}(\boldsymbol{x}'_{i'})$$

$$\text{约束条件} \quad \frac{1}{n} \sum_{i=1}^{n} w_{\boldsymbol{\alpha}}(\boldsymbol{x}_i) = 1, \quad \alpha_1, \cdots, \alpha_{n'} \geqslant 0$$

上式是凸函数的最优化问题，可以很容易地求得全局最优解。图 12.5 表示的是 KL 散度密度比估计法的具体算法流程。另外，因为有 $\alpha_1, \cdots, \alpha_{n'} \geqslant 0$ 这样非负的约束条件，所以 KL 散度密度比估计法的解具有稀疏解的特征。

---

❶ 给 $\boldsymbol{\alpha}$ 以适当的初值（例如随机给定一个值）。

❷ 直到解 $\boldsymbol{\alpha}$ 达到收敛精度为止，重复以下的参数更新计算。

(a) $\boldsymbol{\alpha} \longleftarrow \boldsymbol{\alpha} + \varepsilon \boldsymbol{A}^{\top}(\boldsymbol{1}./\boldsymbol{A}\boldsymbol{\alpha})$

(b) $\boldsymbol{\alpha} \longleftarrow \boldsymbol{\alpha} + (1 - \boldsymbol{b}^{\top}\boldsymbol{\alpha})\boldsymbol{b}/(\boldsymbol{b}^{\top}\boldsymbol{b})$

(c) $\boldsymbol{\alpha} \longleftarrow \max(\boldsymbol{0}, \boldsymbol{\alpha})$

(d) $\boldsymbol{\alpha} \longleftarrow \boldsymbol{\alpha}/(\boldsymbol{b}^{\top}\boldsymbol{\alpha})$

ε 为表示梯度上升幅度的正常数。$\boldsymbol{A}$ 是第 (i',j) 个元素为 $\psi_j(\boldsymbol{x}'_{i'})$ 的矩阵，$\boldsymbol{1}$ 为所有元素为1的向量，"./" 表示对各个元素进行除法运算，$\boldsymbol{0}$ 为所有元素为0的向量，$\boldsymbol{b}$ 为第 j 个元素为 $\frac{1}{n}\sum_{i=1}^{n}\psi_j(\boldsymbol{x}_i)$ 的向量。另外，向量的 max 运算表示对各个单独元素进行 max 运算。步骤 ❷(a) 为梯度上升，❷(b) 到 ❷(d) 分别与满足约束条件的各个正交投影矩阵相对应。

图12.5 KL 散度密度比估计法的算法流程

基于密度比估计的异常检测，是灵活应用正常值的信息对异常值进行检测的方法，因此可以不用事先确定异常值的种类，只结合数据本身进行适宜的异常检测。另外，通过把异常检测问题转化为密度比的计算问题，对基准 $KL(p' \| w_\alpha p)$ 进行交叉验证法，就可以通过客观的方法确定基函数中包含的各个参数了。这一点在实际应用中是非常有价值的。

图 12.6 表示的是对高斯核模型

$$w_{\boldsymbol{\alpha}}(\boldsymbol{x}) = \sum_{j=1}^{n'} \alpha_j \exp\left(-\frac{\left\|\boldsymbol{x} - \boldsymbol{x}'_j\right\|^2}{2\kappa^2}\right) \tag{12.1}$$

使用 KL 散度密度比估计法进行异常检测的实例。通过这个实例的结果可知，偏离正常数据的点 $(x = 5)$ 的密度比为较小（即异常度较高）的值。图 12.7 表示的是 KL 散度密度比估计法的 MATLAB 程序源代码。

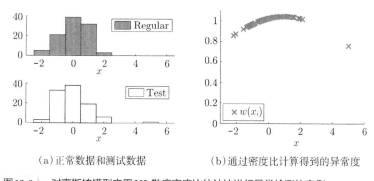

(a) 正常数据和测试数据　　　(b) 通过密度比计算得到的异常度

图 12.6　对高斯核模型应用 KL 散度密度比估计法进行异常检测的实例

```
n=100; x=randn(n,1); y=randn(n,1); y(n)=5;
hhs=2*[1 5 10 ].^2; m=5;
x2=x.^2; xx=repmat(x2,1,n)+repmat(x2',n,1)-2*x*x';
y2=y.^2; yx=repmat(y2,1,n)+repmat(x2',n,1)-2*y*x';
u=floor(m*[0:n-1]/n)+1; u=u(randperm(n));

for hk=1:length(hhs)
  hh=hhs(hk); k=exp(-xx/hh);r=exp(-yx/hh);
  for i=1:m
    g(hk,i)=mean(k(u==i,:)*KLIEP(k(u~=i,:),r));
end, end
[gh,ggh]=max(mean(g,2)); HH=hhs(ggh);
k=exp(-xx/HH); r=exp(-yx/HH); s=r*KLIEP(k,r);

figure(1); clf; hold on; plot(y,s,'rx');
```

```
function a=KLIEP(k,r)

a0=rand(size(k,2),1); b=mean(r)'; c=sum(b.^2);
for o=1:1000
  a=a0+0.01*k'*(1./k*a0); a=a+b*(1-sum(b.*a))/c;
  a=max(0,a); a=a/sum(b.*a);
  if norm(a-a0)<0.001, break, end
  a0=a;
end
```

图12.7 对高斯核模型应用KL散度密度比估计法进行异常检测的MATLAB程序源代码。下图KLIEP.m文件中的函数为计算中需要调用的子函数

13 无监督降维

如果输入样本 x 的维数增加的话，不论什么机器学习算法，其学习时间都会增加，学习过程也会变得更加困难。例如，假设在一维空间的 $[0,1]$ 区间里有 5 个训练样本。以相同的密度在 d 次维空间里配置相同种类的训练样本的话，最终的样本数就达到了 5^d 个（图 13.1(a)）。即便维数 $d=10$，样本总数也已经高达 $5^{10}(\approx 10^7)$ 了。收集并计算这么多的训练样本，是一件相当困难的事情。因此，在高维空间里，训练样本也经常以稀疏的方式加以配置。

另外，高维空间也不如低维空间那样容易给人直观的感觉。以单位立方体 $[0,1]^d$ 的内接球为例（图 13.1(b)），当维数 d 为 1 的时候，单位立方体与其内接球的体积均为 1；当维数 d 为 2 和 3 的时候，单位立方体的体积仍然为 1，但是内接球的体积则变为了 0.79 和 0.52，即有所减少。但是，仅从低维空间来看，低维的内接球体积还是比较大的。不论维数 d 如何变化，单位立方体的体积一直保持为 1，但是其内接球的体积会随着维数 d 的增大而朝着 0 的方向收敛。也就是说，高维空间中的单位立方体的内接球所占的比例会变小，甚至小到可以忽略，与低维空间的直观感觉是相反的。

综上所述，高维数据的处理是相当困难的，一般称为维数灾难。为了使机器学习算法从维数灾难中解放出来，一般采取的有效方法是尽量保持输入数据中包含的所有信息，并对其维数进行削减。本章就将介绍这样的降维方法。降维算法可以分为两类：只利用训练输入样本 $\{x_i\}_{i=1}^n$ 的无监督降维，以及同时有训练输入样本 $\{x_i\}_{i=1}^n$ 和输出样本 $\{y_i\}_{i=1}^n$ 的监督降维。本章只介绍无监督的降维算法。有监督的降维算法将在第 17 章中做详细说明。

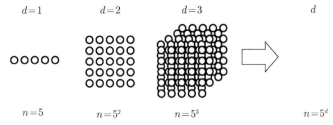

(a) 高维空间的一个例子。当维数 d 很大的时候，收集并计算多达 5^d 个的训练样本是相当困难的。因此，在高维空间中，训练样本也经常以稀疏的方式加以配置

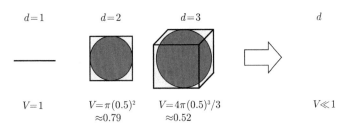

(b) 单位立方体的内接球的体积 V 会随着维数 d 的增加而逐渐变小。另一方面，单位立方体的体积则不依赖于维数 d，一直保持为 1，因此，高维空间中单位立方体的内接球所占的比例会变得非常小，甚至可以忽略

图 13.1 维数灾难

13.1 线性降维的原理

无监督降维的目的，是把高维的训练输入样本 $\{x_i\}_{i=1}^n$ 变换为低维的训练样本 $\{z_i\}_{i=1}^n$，并在降维后还能尽可能地保持其原本包含的所有信息。通过 x_i 的线性变换求解 z_i 的时候，即使用维数为 $m \times d$ 的投影矩阵 T 根据下式

$$z_i = T x_i$$

来求解 z_i 的时候，称为线性降维（图 13.2）。

本节以下内容将介绍降维操作的各种规则。为了简便起见，假定训练输入样本 $\{x_i\}_{i=1}^n$ 的平均值为 0。

$$\frac{1}{n}\sum_{i=1}^{n} \boldsymbol{x}_i = \boldsymbol{0}$$

如果平均值不是0的话，则预先减去平均值，使训练输入样本的平均值保持为0。

$$\boldsymbol{x}_i \longleftarrow \boldsymbol{x}_i - \frac{1}{n}\sum_{i'=1}^{n} \boldsymbol{x}_{i'}$$

这种变换称为中心化(centralization)(图 13.3)。

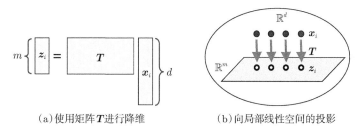

(a)使用矩阵$\boldsymbol{T}$进行降维　　　　(b)向局部线性空间的投影

图 13.2　线性降维。使用长条形的矩阵$\boldsymbol{T}$进行降维，与向局部线性空间的投影相对应

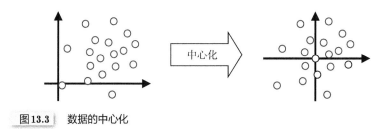

图 13.3　数据的中心化

13.2 主成分分析

本节介绍最基本的无监督线性降维方法——主成分分析法。

主成分分析法，是尽可能地忠实再现原始数据的所有信息的降维方法（图13.4）。具体而言，就是在降维后的输入 z_i 是原始训练输入样本 x_i 的正投影这一约束条件下，设计投影矩阵 T，让 z_i 和 x_i 尽可能相似。z_i 是 x_i 的正投影这一假设，与投影矩阵 T 满足 $TT^\top = I_m$ 是等价的。其中，I_m 表示的是 $m \times m$ 的单位矩阵。

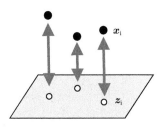

图13.4 主成分分析是尽可能地忠实再现原始数据的所有信息的降维方法

然而，如图13.2(b)所示，当 z_i 和 x_i 的维度不一样的时候，并不能直接计算其平方误差。因此，一般先把 m 次维的 z_i 通过 $T^\top$ 变换到 d 次维空间，再计算其与 x_i 的距离。所有训练样本的 $T^\top z_i (= T^\top T x_i)$ 与 x_i 的平方距离的和，可以通过下式表示。

$$\sum_{i=1}^{n} \left\| T^\top T x_i - x_i \right\|^2 = -\mathrm{tr}\left(TCT^\top \right) + \mathrm{tr}(C)$$

其中，C 为训练输入样本的协方差矩阵。

$$C = \sum_{i=1}^{n} x_i x_i^\top$$

综合以上过程，主成分分析的学习过程可以用下式表示。

$$\max_{T \in \mathbb{R}^{m \times d}} \mathrm{tr}\left(TCT^\top \right) \quad \text{约束条件} \ TT^\top = I_m$$

这里考虑到矩阵 C 的特征值问题

$$C\xi = \lambda\xi$$

将特征值和相对应的特征向量分别表示为 $\lambda_1 \geqslant \cdots \geqslant \lambda_d \geqslant 0$ 和 $\xi_1, \cdots, \xi_d$。这样主成分分析的解就可以通过下式求得。

$$T = (\xi_1, \cdots, \xi_m)^\top$$

也就是说，主成分分析的投影矩阵，是通过向训练输入样本的协方差矩阵 C 中的较大的 m 个特征值所对应的特征向量张成的局部空间正投影而得到的。与此相反，通过把较小的特征值所对应的特征向量进行削减，与原始样本的偏离就可以达到最小。

图 13.5 表示的是主成分分析的实例。在这个例子中，通过把 $d = 2$ 次维的数据降到 $m = 1$ 次维，使得到的结果尽可能地再现了原始数据的所有信息。但是，簇构造并不一定能通过主成分分析法实现原始数据的保存。图 13.6 是这个例子的 MATLAB 程序源代码。

另外，主成分分析中求得的低维 $\{z_i\}_{i=1}^n$，其各个元素之间是无关联的，相互独立的，即协方差矩阵为对角矩阵。

$$\sum_{i=1}^n z_i z_i^\top = \mathrm{diag}(\lambda_1, \cdots, \lambda_m)$$

上式中，$\mathrm{diag}(a,b,\cdots,c)$ 表示的是对角元素为 $a,b,\cdots,c$ 的对角矩阵。

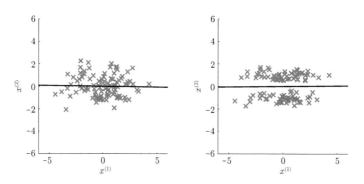

图13.5 主成分分析的实例。直线表示的是一维的正投影空间

```
n=100;
x=[2*randn(n,1) randn(n,1)];
%x=[2*randn(n,1) 2*round(rand(n,1))-1+randn(n,1)/3];
x=x-repmat(mean(x),[n,1]);
[t,v]=eigs(x'*x,1);

figure(1); clf; hold on; axis([-6 6 -6 6])
plot(x(:,1),x(:,2),'rx')
plot(9*[-t(1) t(1)],9*[-t(2) t(2)]);
```

图13.6 主成分分析的MATLAB程序源代码

另外，4.1节介绍的利用部分空间约束的最小二乘学习进行回归的方法中，如何决定适宜的部分空间是极为关键的。通过主成分分析法来求解这个部分空间，并在这个空间里进行回归的算法称为主成分回归。

13.3 局部保持投影

本节将介绍能够保护数据中的簇构造的局部保持投影法（Locality Preserving Projections）（图13.7），这也是线性降维方法的一种。

局部保持投影利用了训练输入样本间的相似度信息。训练输入样本 x_i 和 $x_{i'}$ 的相似度用 $W_{i,i'} \geqslant 0$ 来表示。当 x_i 和 $x_{i'}$ 较为相似的时候，$W_{i,i'}$ 为较大的值；当 x_i 和 $x_{i'}$ 不那么相似的时候，$W_{i,i'}$ 为较小的值。相似度是对称的，即可以假设 $W_{i,i'} = W_{i',i}$。图13.8表示的是几个经常使用的相似度的实例。

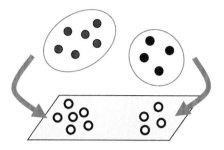

図13.7　局部保持投影是能够保护数据中的簇构造的线性降维方法

- 高斯相似度：

$$W_{i,i'} = \exp\left(-\frac{\|\boldsymbol{x}_i - \boldsymbol{x}_{i'}\|^2}{2t^2}\right)$$

其中，$t>0$是调整相似度衰减值的参数。

- k近邻相似度：

$$W_{i,i'} = \begin{cases} 1 & (\boldsymbol{x}_i \in \mathcal{N}_k(\boldsymbol{x}_{i'})\text{或}\boldsymbol{x}_{i'} \in \mathcal{N}_k(\boldsymbol{x}_i)) \\ 0 & (\text{其他}) \end{cases}$$

其中，$\mathcal{N}_k(\boldsymbol{x})$ 为 $\{\boldsymbol{x}_i\}_{i=1}^n$ 中的 $\boldsymbol{x}$ 近邻的 k 个样本的集合。$k \in [1, \cdots, n]$ 是调整相似度局部性的参数。k近邻相似度的优点是，以 $W_{i,i'}$ 为第 (i,i') 个元素的矩阵 $\boldsymbol{W}$ 是稀疏矩阵。

- 局部尺度相似度：

$$W_{i,i'} = \exp\left(-\frac{\|\boldsymbol{x}_i - \boldsymbol{x}_{i'}\|^2}{2t_i t_{i'}}\right)$$

其中，t_i为局部尺度，定义为$t_i = \|\boldsymbol{x}_i - \boldsymbol{x}_i^{(k)}\|$。$\boldsymbol{x}_i^{(k)}$ 是 $\{\boldsymbol{x}_i\}_{i=1}^n$ 中与 $\boldsymbol{x}_i$ 的距离为第 k 近的样本。把局部尺度相似度和k近邻相似度组合在一起的k近邻局部相似度，有着广泛的实际应用。

图13.8　训练输入样本 $\{\boldsymbol{x}_i\}_{i=1}^n$ 间的相似度的实例

在局部保持投影中，认为相似度较高的样本对的投影也较为相似，以此来决定投影矩阵 $\boldsymbol{T}$。具体而言，就是计算下式的值最小时所对应的 $\boldsymbol{T}$。

$$\frac{1}{2}\sum_{i,i'=1}^{n} W_{i,i'}\|\boldsymbol{T}\boldsymbol{x}_i - \boldsymbol{T}\boldsymbol{x}_{i'}\|^2 \tag{13.1}$$

然而，朝着这个方向求解的话，会得到 $\boldsymbol{T} = \boldsymbol{O}$ 这样不证自明的结果。为了避免得到这样退化的解，往往会加上下式这样的约束条件。

$$\boldsymbol{T}\boldsymbol{X}\boldsymbol{D}\boldsymbol{X}^\top\boldsymbol{T}^\top = \boldsymbol{I}_m$$

上式中，$\boldsymbol{X} = (\boldsymbol{x}_1, \cdots, \boldsymbol{x}_n) \in \mathbb{R}^{d\times n}$ 是训练输入样本的矩阵，$\boldsymbol{D}$ 是以矩阵 $\boldsymbol{W}$ 的各行元素之和为对角元素的对角矩阵。

$$D_{i,i'} = \begin{cases} \sum_{i''=1}^{n} W_{i,i''} & (i = i') \\ 0 & (i \neq i') \end{cases}$$

这里令 $\boldsymbol{L} = \boldsymbol{D} - \boldsymbol{W}$，则式（13.1）就可以用 $\mathrm{tr}(\boldsymbol{T}\boldsymbol{X}\boldsymbol{L}\boldsymbol{X}^\top\boldsymbol{T}^\top)$ 表示了。

综上，局部保持投影的学习规则可以用下式表示。

$$\min_{\boldsymbol{T}\in\mathbb{R}^{m\times d}} \mathrm{tr}\left(\boldsymbol{T}\boldsymbol{X}\boldsymbol{L}\boldsymbol{X}^\top\boldsymbol{T}^\top\right) \quad \text{约束条件 } \boldsymbol{T}\boldsymbol{X}\boldsymbol{D}\boldsymbol{X}^\top\boldsymbol{T}^\top = \boldsymbol{I}_m$$

这里考虑到关于矩阵对 $(\boldsymbol{X}\boldsymbol{L}\boldsymbol{X}^\top, \boldsymbol{X}\boldsymbol{D}\boldsymbol{X}^\top)$ 的一般化特征值问题

$$\boldsymbol{X}\boldsymbol{L}\boldsymbol{X}^\top\boldsymbol{\xi} = \lambda\boldsymbol{X}\boldsymbol{D}\boldsymbol{X}^\top\boldsymbol{\xi}$$

将一般化特征值及与其对应的一般化特征向量，分别用 $\lambda_1 \geqslant \cdots \geqslant \lambda_d \geqslant 0$ 和 $\boldsymbol{\xi}_1, \cdots, \boldsymbol{\xi}_d$ 来表示。这样，局部保持投影就可以用下式来求解。

$$\boldsymbol{T} = (\boldsymbol{\xi}_d, \boldsymbol{\xi}_{d-1}, \cdots, \boldsymbol{\xi}_{d-m+1})^\top$$

也就是说，局部保持投影的投影矩阵，是通过矩阵对 $(\boldsymbol{X}\boldsymbol{L}\boldsymbol{X}^\top, \boldsymbol{X}\boldsymbol{D}\boldsymbol{X}^\top)$ 的较小的 m 个一般化特征值对应的一般化特征向量来求解的。

图 13.9 表示的是与高斯相似度相对应的局部保持投影的实例。在这个例子中，通过把 $d = 2$ 次维的数据降到 $m = 1$ 次维，使得结果很好

地保留了原始数据的簇构造的信息。图13.10是这个例子的MATLAB
程序源代码。

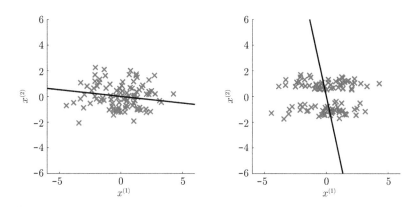

图13.9 局部保持投影的实例。直线是一维的正投影空间

```
n=100;
x=[2*randn(n,1) randn(n,1)];
%x=[2*randn(n,1) 2*round(rand(n,1))-1+randn(n,1)/3];
x=x-repmat(mean(x), [n,1]); x2=sum(x.^2,2);
W=exp(-(repmat(x2,1,n)+repmat(x2',n,1)-2*x*x'));
D=diag(sum(W,2)); L=D-W; z=x'*D*x; z=(z+z')/2;
[t,v]=eigs(x'*L*x,z,1,'sm');

figure(1); clf; hold on; axis([-6 6 -6 6])
plot(x(:,1),x(:,2),'rx')
plot(9*[-t(1) t(1)],9*[-t(2) t(2)]);
```

图13.10 局部保持投影的MATLAB程序源代码

13.4 核函数主成分分析

在8.4节中，我们了解了线性的支持向量机分类器向非线性扩展时使用的核映射方法。本节将介绍通过在核映射方法里引入主成分分析，来进行非线性降维的核函数主成分分析法[①]。即把训练样本 $\{\boldsymbol{x}_i\}_{i=1}^n$ 通过非线性函数 $\boldsymbol{\psi}$ 进行变换，在变换后的特征空间里进行主成分分析。通过这样的方法，就可以在原始训练样本的特征空间中进行非线性降维操作了。

例如，将普通的直角坐标系中的二维输入向量 $\boldsymbol{x} = (x^{(1)}, x^{(2)})^\top$ 通过 $\boldsymbol{\psi}$ 变换为在极坐标系（距原点的距离为 r，角度为 θ）中表现（图 13.11）。对原始的二维训练样本 $\{\boldsymbol{x}_i\}_{i=1}^n$ 直接进行主成分分析的话，并不能很好地捕捉到弯曲状的数据分布（图 13.11(a)）。而样本 $\{\boldsymbol{x}_i\}_{i=1}^n$ 经过变换后，用极坐标来表现的样本 $\{\boldsymbol{\psi}(\boldsymbol{x}_i)\}_{i=1}^n$ 几乎是笔直地串联在一起的，这样再进行主成分分析的话，就可以对数据的分布有一个很好的把握了（图 13.11(b)）。把特征空间里主成分分析的结果返回到原始的输入，就可以很好地捕捉到原始数据中弯曲状的数据分布（图 13.11(c)）。

当特征空间的维度较低的时候，正常使用主成分分析法即可，而当特征空间的维度较高的时候，计算量会显著增加。另外，如下式的高斯核函数

$$K(\boldsymbol{x}, \boldsymbol{x}') = \exp\left(-\frac{\|\boldsymbol{x} - \boldsymbol{x}'\|^2}{2h^2}\right)$$

当对其进行空间变换的时候，其特征空间是无限维度，在特征空间里明确地进行主成分分析是很困难的。于是这里不考虑有关协方差矩阵 $\boldsymbol{C}$ 的特征值问题 $\boldsymbol{C}\boldsymbol{\xi} = \lambda\boldsymbol{\xi}$，而是考虑有关核矩阵 $\boldsymbol{K}$ 的特征值问题 $\boldsymbol{K}\boldsymbol{\alpha} = \lambda\boldsymbol{\alpha}$。核矩阵 $\boldsymbol{K}$ 是第 (i, i') 个元素是 $\langle \boldsymbol{\psi}(\boldsymbol{x}_i), \boldsymbol{\psi}(\boldsymbol{x}_{i'}) \rangle = K(\boldsymbol{x}_i, \boldsymbol{x}_{i'})$ 的 $n \times n$ 阶矩阵。

[①] 或者称为核主成分分析、基于核函数的主成分分析。——译者注

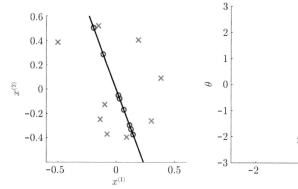

(a) 对原始的二维训练样本 $\{x_i\}_{i=1}^n$ 直接进行主成分分析的话，并不能很好地捕捉到弯曲状的数据分布

(b) 变换为使用极坐标表现的样本 $\{\psi(x_i)\}_{i=1}^n$ 之后，通过主成分分析就可以对数据的分布有一个很好的把握了

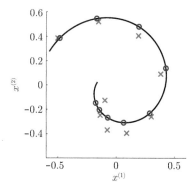

(c) 把特征空间里主成分分析的结果返回到原始的输入，就能很好地捕捉到原始数据中弯曲状的数据分布

图 13.11 | 使用非线性数据进行非线性主成分分析的实例。× 符号表示的是样本，实线是通过主成分分析求得的一维子空间，符号 ○ 表示的是样本向子空间的正投影

在这里，使用矩阵

$$\boldsymbol{\Psi} = (\boldsymbol{\psi}(\boldsymbol{x}_1), \cdots, \boldsymbol{\psi}(\boldsymbol{x}_n))$$

的话，就可以表示为 $\boldsymbol{C} = \boldsymbol{\Psi}\boldsymbol{\Psi}^\top$ 或 $\boldsymbol{K} = \boldsymbol{\Psi}^\top\boldsymbol{\Psi}$。根据这样的关系，可知关于 $\boldsymbol{C}$ 和 $\boldsymbol{K}$ 的特征值问题均与相同的特征值 λ 相关。另外，通过 $\boldsymbol{\xi} = \boldsymbol{\Psi}\boldsymbol{\alpha}$ 这样的变换，可以用 $\boldsymbol{K}$ 的特征向量 $\boldsymbol{\alpha}$ 来求解 $\boldsymbol{C}$ 的特征向量 $\boldsymbol{\xi}$（图 13.12）。

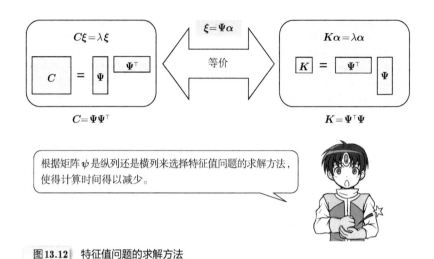

图13.12 特征值问题的求解方法

协方差矩阵 C 的大小往往依赖于特征空间的维度，但是核矩阵 K 的大小则只与样本数有关。因此，当特征空间的维数比样本数大的时候，使用与核矩阵 K 相关的特征值问题，可以得到更高效的求解。

另外，这里需要提醒的是，正如在13.1节中说明的那样，在进行主成分分析的时候，需要事先对样本进行中心化操作。但是使用核矩阵 K 的话，并没有明确的有关特征向量 $\{\psi(x_i)\}_{i=1}^n$ 的处理。因此，这里通过特征向量的内积来对核矩阵 K 进行中心化操作。

$$K \longleftarrow HKH$$

这一操作通过上式的核矩阵 K 的变换即可实现。在这里，

$$H = I_n - 1_{n \times n}/n$$

是名为中心化矩阵的 $n \times n$ 阶矩阵。$1_{n \times n}$ 是所有的元素都为1的 $n \times n$ 阶矩阵。

另外，在主成分分析中，特征向量需要利用 $\|\xi_j\| = 1$ 进行正则化，但是上述方法是利用 $\|\alpha_j\| = 1$ 进行正则化的。因此需要使用 α_j 除以 $\|\xi_j\|$ 来进行明确的正则化操作。由于下式是成立的，

$$\|\boldsymbol{\xi}_j\| = \sqrt{\|\boldsymbol{\xi}_j\|^2} = \sqrt{\|\boldsymbol{\Psi\alpha}_j\|^2} = \sqrt{\langle \boldsymbol{\Psi}^\top \boldsymbol{\Psi\alpha}_j, \boldsymbol{\alpha}_j \rangle}$$
$$= \sqrt{\langle \boldsymbol{K\alpha}_j, \boldsymbol{\alpha}_j \rangle} = \sqrt{\lambda_j}$$

因此可以采用下式这样的正则化方法。

$$\boldsymbol{\alpha}_j \longleftarrow \frac{1}{\sqrt{\lambda_j}} \boldsymbol{\alpha}_j \ \ \text{对于} \ j = 1, \cdots, m$$

综上所述，核函数主成分分析的最终结果为

$$(\boldsymbol{z}_1, \cdots, \boldsymbol{z}_n) = \left(\frac{1}{\sqrt{\lambda_1}} \boldsymbol{\alpha}_1, \cdots, \frac{1}{\sqrt{\lambda_m}} \boldsymbol{\alpha}_m \right)^\top \boldsymbol{HKH}$$

其中，$\boldsymbol{\alpha}_1, \cdots, \boldsymbol{\alpha}_m$ 为 $\boldsymbol{HKH}$ 的 m 个较大的特征值所对应的向量。

13.5 拉普拉斯特征映射

将核函数方法应用在局部保持投影的非线性降维方法，称为拉普拉斯特征映射。如果对图13.2所示的变换应用局部保持投影方法的话，与 $(\boldsymbol{XLX}^\top, \boldsymbol{XDX}^\top)$ 相关的一般化特征值问题就可以变换为

$$\boldsymbol{L\alpha} = \lambda \boldsymbol{D\alpha} \tag{13.2}$$

式(13.2)的一般化特征值及与其对应的一般化特征向量，分别可以用 $\lambda_1 \geqslant \cdots \geqslant \lambda_n \geqslant 0$ 和 $\boldsymbol{\alpha}_1, \cdots, \boldsymbol{\alpha}_n$ 来表示。在这里，因为 $\boldsymbol{L1}_n = \boldsymbol{0}_n$ 是成立的，显然与最小的一般化特征值 $\lambda_n = 0$ 相对应的一般化特征向量为 $\boldsymbol{\alpha}_n = \boldsymbol{1}_n$。这里去掉 α_n，变为

$$(\boldsymbol{z}_1, \cdots, \boldsymbol{z}_n) = (\boldsymbol{\alpha}_{n-1}, \boldsymbol{\alpha}_{n-2}, \cdots, \boldsymbol{\alpha}_{n-m})^\top$$

上式即为拉普拉斯特征映射的最终结果。

虽然图13.8表示的是相似度的实例，但是如果相似度矩阵 $\boldsymbol{W}$ 为稀疏矩阵的话，$\boldsymbol{L} = \boldsymbol{D} - \boldsymbol{W}$ 也为稀疏矩阵。这样式(13.2)就变成了稀疏的一般化特征值问题，可以进行非常高效的求解。

图13.13表示的是与10近邻相似度对应的拉普拉斯特征映射的实例。原始的三维空间内的蛋糕卷状的数据，在二维空间里得到了很好的展开。图13.14是与10近邻相似度对应的拉普拉斯特征映射的MATLAB程序源代码。

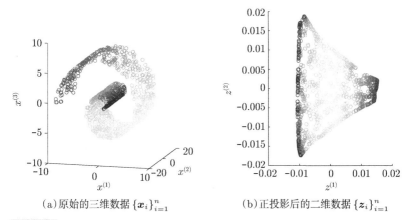

（a）原始的三维数据 $\{\boldsymbol{x}_i\}_{i=1}^n$ 　　　　（b）正投影后的二维数据 $\{\boldsymbol{z}_i\}_{i=1}^n$

图13.13　与10近邻相似度对应的拉普拉斯特征映射的实例

```matlab
n=1000; k=10; a=3*pi*rand(n,1);
x=[a.*cos(a) 30*rand(n,1) a.*sin(a)];
x=x-repmat(mean(x),[n,1]); x2=sum(x.^2,2);
d=repmat(x2,1,n)+repmat(x2',n,1)-2*x*x';[p,i]=sort(d);
W=sparse(d<=ones(n,1)*p(k+1,:)); W=(W+W'~=0);
D=diag(sum(W,2)); L=D-W; [z,v]=eigs(L,D,3,'sm');

figure(1); clf; hold on; view([15 10]);
scatter3(x(:,1),x(:,2),x(:,3),40,a,'o');
figure(2); clf; hold on;
scatter(z(:,2),z(:,1),40,a,'o');
```

图13.14　与10近邻相似度对应的拉普拉斯特征映射的MATLAB程序源代码

矩阵 $L = D - W$ 称为（图论）拉普拉斯矩阵，这一点在16.3节中将详细说明。之所起拉普拉斯特征映射这个名字，是因为从一般化特征值问题中能够得到正投影结果。在14.3节也会讲到，拉普拉斯特征映射在非线性聚类中也有非常重要的应用。

14 聚类

本章将介绍将训练输入样本 $\{\boldsymbol{x}_i\}_{i=1}^n$ 基于其相似度而进行分类的聚类方法。聚类是无监督机器学习方法的一种。

14.1 K 均值聚类

K 均值聚类是最基础的一种聚类方法。K 均值聚类，就是把看起来最集中、最不分散的簇标签

$$\{y_i \mid y_i \in \{1, \cdots, c\}\}_{i=1}^n$$

分配到输入训练样本 $\{\boldsymbol{x}_i\}_{i=1}^n$ 里。具体而言，通过下式计算簇 y 的分散状况。

$$\sum_{i:y_i=y} \|\boldsymbol{x}_i - \boldsymbol{\mu}_y\|^2$$

在这里，$\sum_{i:y_i=y}$ 表示的是满足 $y_i = y$ 的 y 的和。

$$\boldsymbol{\mu}_y = \frac{1}{n_y} \sum_{i:y_i=y} \boldsymbol{x}_i$$

上式的 $\boldsymbol{\mu}_y$ 为簇 y 的中心，n_y 为属于簇 y 的样本总数。利用上述定义，对于所有的簇 $y = 1, \cdots, c$ 的下式和为最小时，决定其所属的簇标签。

$$\sum_{y=1}^{c} \sum_{i:y_i=y} \|\boldsymbol{x}_i - \boldsymbol{\mu}_y\|^2$$

然而，上述的最优化过程的计算时间是随着样本数 n 的增加呈指数级增长的，当 n 为较大的数值的时候，很难对其进行高精度的求解。因此在实际应用中，一般是将样本逐个分配到距离其最近的聚类中，并重复进行这一操作，直到最终求得其局部最优解。

$$y_i \longleftarrow \underset{y \in \{1, \cdots, c\}}{\operatorname{argmin}} \|\boldsymbol{x} - \boldsymbol{\mu}_y\|^2 \tag{14.1}$$

图14.1表示的是K均值聚类的算法流程。图14.2是K均值聚类的一个实例，图14.3是其MATLAB程序源代码。在这个例子里，K均值聚类算法得到了较好的聚类结果。

❶ 给各个簇中心 $\boldsymbol{\mu}_1, \cdots, \boldsymbol{\mu}_c$ 以适当的初值。

❷ 更新样本 $\boldsymbol{x}_1, \cdots, \boldsymbol{x}_n$ 对应的簇标签 $y_1, \cdots, y_n$。

$$y_i \longleftarrow \underset{y \in \{1, \cdots, c\}}{\operatorname{argmin}} \|\boldsymbol{x}_i - \boldsymbol{\mu}_y\|^2, i = 1, \cdots, n$$

❸ 更新各个簇中心 $\boldsymbol{\mu}_1, \cdots, \boldsymbol{\mu}_c$。

$$\boldsymbol{\mu}_y \longleftarrow \frac{1}{n_y} \sum_{i:y_i=y} \boldsymbol{x}_i, \quad y = 1, \cdots, c$$

上式中，n_y 为属于簇 y 的样本总数。

❹ 直到簇标签达到收敛精度为止，重复上述❷、❸步的计算。

图14.1 K均值聚类的算法流程

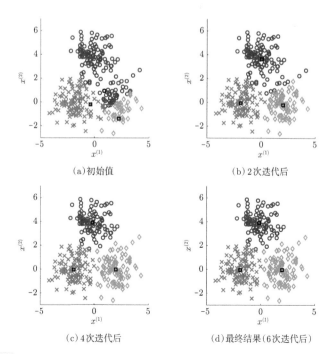

(a)初始值

(b)2次迭代后

(c)4次迭代后

(d)最终结果（6次迭代后）

图14.2 K均值聚类算法的实例。方框表示的是簇中心

```
n=300; c=3; t=randperm(n);
x=[randn(1,n/3)-2 randn(1,n/3) randn(1,n/3)+2;
   randn(1,n/3) randn(1,n/3)+4 randn(1,n/3)]';
m=x(t(1:c),:); x2=sum(x.^2,2); s0(1:c,1)=inf;

for o=1:1000
  m2=sum(m.^2,2);
  [d,y]=min(repmat(m2,1,n)+repmat(x2',c,1)-2*m*x');
  for t=1:c
    m(t,:)=mean(x(y==t,:)); s(t,1)=mean(d(y==t));
  end
  if norm(s-s0)<0.001, break , end
  s0=s;
end
figure(1); clf; hold on;
plot(x(y==1,1),x(y==1,2),'bo');
plot(x(y==2,1),x(y==2,2),'rx');
plot(x(y==3,1),x(y==3,2),'gv');
```

图14.3 K均值聚类算法的MATLAB程序源代码

14.2 核K均值聚类

由于K均值聚类是依据欧氏距离$\|x - \mu_y\|$的大小来决定样本所属的簇的，因此只能处理线性可分的聚类问题（图14.2）。

8.4节中介绍了将线性的支持向量机分类器扩展为非线性的核映射方法，如果对K均值聚类也采用这样的方法的话，就能得到可以处理非线性可分的聚类问题的核K均值聚类算法。具体而言，首先把式（14.1）中的欧氏距离的平方$\|x - \mu_y\|^2$用样本间的内积$\langle x, x'\rangle$来表示。

$$\left\|x - \mu_y\right\|^2 = \left\|x - \frac{1}{n_y}\sum_{i:y_i=y} x_i\right\|^2$$

$$= \langle x, x\rangle - \frac{2}{n_y}\sum_{i:y_i=y}\langle x, x_i\rangle + \frac{1}{n_y^2}\sum_{i,i':y_i=y_{i'}=y}\langle x_i, x_{i'}\rangle$$

接着，把上式的内积置换为核函数 $K(\boldsymbol{x}, \boldsymbol{x}')$，就变成了核 K 均值聚类算法。

$$y \longleftarrow \underset{y \in \{1, \cdots, c\}}{\arg\min} \left[-\frac{2}{n_y} \sum_{i:y_i=y} K(\boldsymbol{x}, \boldsymbol{x}_i) + \frac{1}{n_y^2} \sum_{i,i':y_i=y_i'=y} K(\boldsymbol{x}_i, \boldsymbol{x}_{i'}) \right]$$

在这里，与 $\langle \boldsymbol{x}, \boldsymbol{x} \rangle$ 相对应的 $K(\boldsymbol{x}, \boldsymbol{x})$ 是与最小化无关的常数，因此在实际计算过程中可以忽略。

利用核 K 均值聚类可以得到非线性的簇的分类结果。然而，采用核函数的非线性核 K 均值聚类方法，最终的聚类结果强烈依赖于初始值的选取，因此在实际应用中想要得到理想的解并非易事。

14.3 谱聚类

核 K 均值聚类方法，最终的聚类结果强烈依赖于初始值的选取，当由核函数决定的特征空间的维度比较高的时候，这种依赖尤为明显。对此，可以使用降维方法来解决这个问题，这种方法称为谱聚类。

第 13 章中介绍了多种多样的无监督降维方法。其中能够很好地保护原始数据中的簇构造的局部保持投影法（13.3 节），作为聚类分析的前处理方法来说是一种很好的选择。谱聚类，首先在核特征空间中应用局部保持投影法（这里与 13.5 节介绍的拉普拉斯特征映射相对应），然后，直接应用通常的 K 均值聚类方法（不采用核函数方法）。图 14.4 表示的是谱聚类的具体算法流程。

---

❶ 对样本 $\{\boldsymbol{x}_i\}_{i=1}^n$ 应用拉普拉斯特征映射，得到 $c-1$ 次维的 $\{\boldsymbol{z}_i\}_{i=1}^n$（$c$ 为簇的总个数）。

❷ 对于得到的样本 $\{\boldsymbol{z}_i\}_{i=1}^n$，应用通常的 K 均值聚类方法求其簇标签 $\{y_i\}_{i=1}^n$（不采用核函数方法）。

图 14.4 谱聚类的具体算法流程

图 14.5 表示的是谱聚类的实例。将图 14.5(a) 表示的原始的二维数据 $\{x_i\}_{i=1}^n$ 应用拉普拉斯特征映射法向一维部分空间进行映射，就可以得到如图 14.5(b) 所示的只有两点数据的结果 $\{z_i\}_{i=1}^n$。对得到的 $\{z_i\}_{i=1}^n$ 用 K 均值聚类处理后，即可得到图 14.5(c) 那样的两个点分别代表一个聚类的结果。再把得到的簇标签 $\{y_i\}_{i=1}^n$ 映射到原始的二维数据中，就可以得到如图 14.5(d) 所示的自然的聚类结果。图 14.6 表示的是谱聚类的 MATLAB 程序源代码。

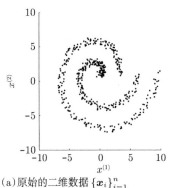

（a）原始的二维数据 $\{x_i\}_{i=1}^n$

（d）原始的二维空间中的聚类结果 $\{y_i\}_{i=1}^n$

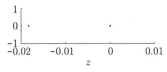

（b）采用拉普拉斯特征映射向一维部分空间进行映射得到的 $\{z_i\}_{i=1}^n$

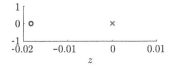

（c）在一维部分空间中应用 K 均值聚类法得到的聚类结果 $\{y_i\}_{i=1}^n$

图14.5　谱聚类的实例

```
n=500; c=2; k=10; t=randperm(n); a=linspace(0,2*pi,n/2)';
x=[a.*cos(a) a.*sin(a); (a+pi).*cos(a) (a+pi).*sin(a)];
x=x+rand(n,2); x=x-repmat(mean(x),[n,1]); x2=sum(x.^2,2);
d=repmat(x2,1,n)+repmat(x2',n,1)-2*x*x'; [p,i]=sort(d);
W=sparse(d<=ones(n,1)*p(k+1,:)); W=(W+W'~=0);
D=diag(sum(W,2)); L=D-W; [z,v]=eigs(L,D,c-1,'sm');

m=z(t(1:c),:); s0(1:c,1)=inf; z2=sum(z.^2,2);
for o=1:1000
  m2=sum(m.^2,2);
  [u,y]=min(repmat(m2,1,n)+repmat(z2',c,1)-2*m*z');
  for t=1:c
    m(t,:)=mean(z(y==t,:)); s(t,1)=mean(d(y==t));
  end
  if norm(s-s0)<0.001, break, end
  s0=s;
end

figure(1); clf; hold on; axis([-10 10 -10 10])
plot(x(y==1,1),x(y==1,2),'bo');
plot(x(y==2,1),x(y==2,2 ),'rx');
```

图14.6 谱聚类的MATLAB程序源代码

14.4 调整参数的自动选取

核K均值聚类法与谱聚类的结果依赖于高斯核函数的带宽等核参数的选择。本节将介绍聚类方法中根据各种客观条件自动决定这些调整参数的方法。

聚类算法中，通过d次维的实向量样本$\{x_i\}_{i=1}^n$，求得c种标量值$1,\cdots,c$对应的簇标签$\{y_i\}_{i=1}^n$。这一操作可以被理解为是将d次维的实向量中包含的信息，通过标量c进行压缩（图14.7）。基于这样的观点，一般认为簇标签$\{y_i\}_{i=1}^n$比原始的样本$\{x_i\}_{i=1}^n$包含更多信息，可以得到更好的聚类结果。

图14.7 聚类可以被理解为是将 d 次维的实向量所包含的信息，通过标量 c 进行压缩

簇标签 $\{y_i\}_{i=1}^n$ 包含的样本 $\{x_i\}_{i=1}^n$ 的信息量，可以通过互信息[①]来进行测算。互信息是信息理论里的一个基本概念，由概率变量 x 和 y 的联合概率 $p(x,y)$ 到各个边缘概率 $p(x)p(y)$ 的KL距离（12.3节）来定义。

$$\int \sum_{y=1}^c p(x,y) \log \frac{p(x,y)}{p(x)p(y)} dx$$

互信息一般为非负的数值，只有当概率变量 x 和 y 在统计上是相互独立的时候，即当 $p(x,y)=p(x)p(y)$ 的时候，其值为零。因此，可以根据互信息的大小推导出 x 和 y 的从属性的强弱。综上可知，互信息越大，簇标签 $\{y_i\}_{i=1}^n$ 则包含的样本 $\{x_i\}_{i=1}^n$ 的信息越多。

互信息的值，可以采用KL散度密度比估计法进行高精度的计算。但是由于互信息的计算公式中包含对数函数，对异常值的反应相当明显，所以经常采用没有对数函数的平方损失互信息来加以替换。

$$\frac{1}{2} \int \sum_{y=1}^c p(x)p(y) \left(\frac{p(x,y)}{p(x)p(y)} - 1 \right)^2 dx$$

与原始的互信息相同，平方损失互信息一般也为非负的数值，只有当概率变量 x 和 y 在统计上是相互独立的时候，其值为零。

在本节的以下部分，将介绍计算样本 $\{x_i\}_{i=1}^n$ 和簇标签 $\{y_i\}_{i=1}^n$ 之间的平方损失互信息的平方损失互信息最小二乘互信息估计法。平方损失互信息最小二乘互信息估计法，不需要计算 $p(x,y)$、$p(x)$、$p(y)$ 等各个概率，而是对将其组合而成的密度比函数直接进行学习。

---

① Mutual Information，即交互信息量。——译者注

$$w(\boldsymbol{x}, y) = \frac{p(\boldsymbol{x}, y)}{p(\boldsymbol{x})p(y)}$$

为了对上述的密度比函数进行近似，采用与参数相关的线性模型。

$$w_{\boldsymbol{\alpha}}(\boldsymbol{x}, y) = \sum_{j=1}^{b} \alpha_j \psi_j(\boldsymbol{x}, y) = \boldsymbol{\alpha}^\top \boldsymbol{\psi}(\boldsymbol{x}, y)$$

在这里，$\boldsymbol{\alpha} = (\alpha_1, \cdots, \alpha_b)^\top$ 为参数向量，$\boldsymbol{\psi}(\boldsymbol{x}, y) = (\psi_1(\boldsymbol{x}, y), \cdots, \psi_b(\boldsymbol{x}, y))^\top$ 为基函数向量。然后，对下式的 $J(\boldsymbol{\alpha})$ 为最小时对应的参数 $\boldsymbol{\alpha}$ 进行最小二乘学习。

$$\begin{aligned} J(\boldsymbol{\alpha}) &= \frac{1}{2} \int \sum_{y=1}^{c} \Big(w_{\boldsymbol{\alpha}}(\boldsymbol{x}, y) - w(\boldsymbol{x}, y) \Big)^2 p(\boldsymbol{x})p(y)\mathrm{d}\boldsymbol{x} \\ &= \frac{1}{2} \int \sum_{y=1}^{c} \boldsymbol{\alpha}^\top \boldsymbol{\psi}(\boldsymbol{x}, y)\boldsymbol{\psi}(\boldsymbol{x}, y)^\top \boldsymbol{\alpha} p(\boldsymbol{x})p(y)\mathrm{d}\boldsymbol{x} \\ &\quad - \int \sum_{y=1}^{c} \boldsymbol{\alpha}^\top \boldsymbol{\psi}(\boldsymbol{x}, y)p(\boldsymbol{x}, y)\mathrm{d}\boldsymbol{x} + C \end{aligned}$$

上式中，第三项的 $C = \frac{1}{2} \int \sum_{y=1}^{c} w(\boldsymbol{x}, y)p(\boldsymbol{x}, y)\mathrm{d}\boldsymbol{x}$ 是与参数 $\boldsymbol{\alpha}$ 无关的常数，在计算中可以忽略。然后，对第一项和第二项中包含的期望值进行样本平均近似，并加上 ℓ_2 正则化项，即可得到下式的学习规则。

$$\min_{\boldsymbol{\alpha}} \left[\frac{1}{2} \boldsymbol{\alpha}^\top \widehat{\boldsymbol{G}} \boldsymbol{\alpha} - \boldsymbol{\alpha}^\top \widehat{\boldsymbol{h}} + \frac{\lambda}{2} \|\boldsymbol{\alpha}\|^2 \right]$$

其中，$\widehat{\boldsymbol{G}}$ 和 $\widehat{\boldsymbol{h}}$ 分别是由下式定义的 $b \times b$ 阶矩阵和 b 次维向量。

$$\widehat{\boldsymbol{G}} = \frac{1}{n^2} \sum_{i,i'=1}^{n} \boldsymbol{\psi}(\boldsymbol{x}_i, y_{i'})\boldsymbol{\psi}(\boldsymbol{x}_i, y_{i'})^\top, \quad \widehat{\boldsymbol{h}} = \frac{1}{n} \sum_{i=1}^{n} \boldsymbol{\psi}(\boldsymbol{x}_i, y_i)$$

上述的学习规则是与 $\boldsymbol{\alpha}$ 相关的凸的二次式，对其进行偏微分并将其值置为 0，即可得到 $\widehat{\boldsymbol{\alpha}}$ 的解析解。

$$\widehat{\boldsymbol{\alpha}} = \left(\widehat{\boldsymbol{G}} + \lambda \boldsymbol{I} \right)^{-1} \widehat{\boldsymbol{h}}$$

将通过上述方法得到的密度比估计量，代入与平方损失互信息等价的下式，

$$\frac{1}{2}\int \sum_{y=1}^{c} w(\boldsymbol{x},y)p(\boldsymbol{x},y)\mathrm{d}\boldsymbol{x} - \frac{1}{2}$$

即可以得到如下的平方损失互信息的估计量。

$$\frac{1}{2}\widehat{\boldsymbol{\alpha}}^{\top}\widehat{\boldsymbol{h}} - \frac{1}{2} = \frac{1}{2}\widehat{\boldsymbol{h}}^{\top}\left(\widehat{\boldsymbol{G}} + \lambda \boldsymbol{I}\right)^{-1}\widehat{\boldsymbol{h}} - \frac{1}{2}$$

正则化参数 λ 和基函数 ψ 中包含的参数，可以通过与规则 J 相关的交叉验证法加以确定。图14.8表示的是与各个簇的高斯核模型

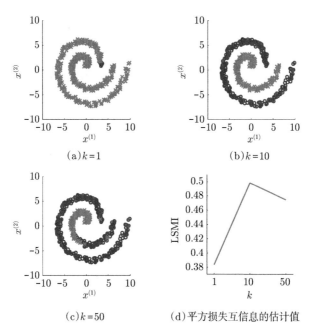

（a）$k=1$

（b）$k=10$

（c）$k=50$

（d）平方损失互信息的估计值

使用 k 近邻相似度的谱聚类中，当 $k=10$ 的时候平方损失互信息的估计值达到最大值，由此可以得到最优的聚类结果。

图14.8 与各个簇的高斯核模型相对应的最小二乘互信息估计法的实例

$$w_{\boldsymbol{\alpha}}(\boldsymbol{x}, y) = \sum_{j:y_j=y} \alpha_j \exp\left(-\frac{\|\boldsymbol{x} - \boldsymbol{x}_j\|^2}{2\kappa^2}\right)$$

相对应的最小二乘互信息估计法的实例。通过选用平方损失互信息的估计值达到最大值时所对应的谱聚类的相似度参数，即可得到最优的聚类结果。图14.9表示的是最小二乘互信息估计法的MATLAB程序源代码。

```matlab
n=500; a=linspace(0,2*pi,n/2)';
x=[a.*cos(a) a.*sin(a); (a+pi).*cos(a) (a+pi).*sin(a)];
x=x+rand(n,2); x=x-repmat(mean(x),[n,1]); x2=sum(x.^2,2);
y=[ones(1,n/2) zeros(1,n/2)];
d=repmat(x2,1,n)+repmat(x2',n,1)-2*x*x';

hhs=2*[0.5 1 2].^2; ls=10.^[-5 -4 -3]; m=5;
u=floor(m*[0:n-1]/n)+1; u=u(randperm(n));
g=zeros(length(hhs), length(ls),m);
for hk=1:length(hhs)
  hh=hhs(hk); k=exp(-d/hh);
  for j=unique(y), for i=1:m
    ki=k(u~=i,y==j); kc=k(u==i,y==j);
    Gi=ki'*ki*sum(u~=i&y==j)/(sum(u~=i)^2);
    Gc=kc'*kc*sum(u==i&y==j)/(sum(u==i)^2);
    hi=sum(k(u~=i&y==j,y==j),1)'/sum(u~=i);
    hc=sum(k(u==i&y==j,y==j),1)'/sum(u==i);
    for lk=1:length(ls)
      l=ls(lk); a=(Gi+l*eye(sum(y==j)))\hi;
      g(hk,lk,i)=g(hk,lk,i)+a'*Gc*a/2-hc'*a;
end, end, end, end
g=mean(g,3); [gl,ggl]=min(g,[],2); [ghl,gghl]=min(gl);
L=ls(ggl(gghl)); HH=hhs(gghl); s=-1/2;
for j=unique(y)
  k=exp(-d(:,y==j)/HH); h=sum(k(y==j,:),2)/n; t=sum(y==j);
  s=s+h'*((k'*k*t/(n^2)+L*eye(t))\h)/2;
end
disp(sprintf('Information=%g',s));
```

图14.9 与各个簇的高斯核模型相对应的最小二乘互信息估计法的MATLAB程序源代码。对于这个核函数，应用最小二乘互信息估计法可以对各个簇进行高效的计算

第 V 部分　新兴机器学习算法

在本书的第 V 部分，介绍几种机器学习领域近年来新发展起来的算法。第15章中将介绍逐次输入训练样本的在线学习算法。第16章中将介绍对于输入输出成对的训练样本，通过在学习过程中追加输入训练样本来提高学习精度的半监督学习方法。第17章中将介绍监督的降维方法。第18章中将介绍通过灵活应用其他学习任务的相关信息，提高当前任务的学习精度的迁移学习法。第19章中将介绍有多个学习任务的时候，通过信息共享实现对所有的学习任务同时进行求解，从而得到更高的学习精度的多任务学习法。

在线学习

第 II 部分和第 III 部分中介绍了对于所有的训练样本 $\{(\boldsymbol{x}_i, y_i)\}_{i=1}^n$ 同时进行学习的回归·分类算法。一般来说，在训练样本不同时给定的情况下，比起将所有的训练样本集中起来同时进行学习，把训练样本逐个输入到学习算法中，并在新的数据进来的时候马上对现有的学习结果进行更新，这样的逐次学习算法更加有效。本章将介绍可以进行逐次学习的在线学习算法。当训练样本总数 n 非常大的时候，在线学习算法对于有限内存的利用、管理来说非常有效，是大数据时代的一种优秀的机器学习算法。

为了便于理解，下面只使用简单的关于输入的线性模型

$$f_{\boldsymbol{\theta}}(\boldsymbol{x}) = \boldsymbol{\theta}^{\top} \boldsymbol{x}$$

但是，本章介绍的所有算法，都可以直接扩展为与参数相关的线性模型

$$f_{\boldsymbol{\theta}}(\boldsymbol{x}) = \boldsymbol{\theta}^{\top} \phi(\boldsymbol{x})$$

15.1 被动攻击学习

本节将介绍名为被动攻击学习的在线学习算法。

15.1.1 梯度下降量的抑制

正如在第 II 部分和第 III 部分介绍的那样，回归与分类中对参数的学习都是使与训练样本相关的损失达到最小。在训练样本 $(\boldsymbol{x}, y)$ 逐个给定的在线学习中，也可以使用 3.3 节介绍的随机梯度算法进行参数的更新。即首先求得与新输入的训练样本 $(\boldsymbol{x}, y)$ 相关的损失 J 的梯度 ∇J，然后朝着梯度下降的方向对参数 $\boldsymbol{\theta}$ 进行更新。

$$\boldsymbol{\theta} \longleftarrow \boldsymbol{\theta} - \varepsilon \nabla J(\boldsymbol{\theta})$$

在这里，ε 为表示梯度下降幅度的正常数。

　　概率梯度下降法中，当梯度下降幅度过大的时候，学习结果往往会不稳定；而当梯度下降幅度过小的时候，又会使得收敛速度变慢（图15.1）。一般来说，如果能合理选择平方损失等损失函数的话，也能一气呵成地使梯度快速下降到谷底（即可以求得下降过程中的最优解析解，即平稳解）。这样一来就不再需要调整梯度下降的幅度，从实用性上来说极为方便，但是如果真的进行这样激进的学习，就可能会造成参数值的巨大变动。好不容易利用现有的训练样本得到的学习结果，就可能会因为新到来的一个数据而被完全破坏了。

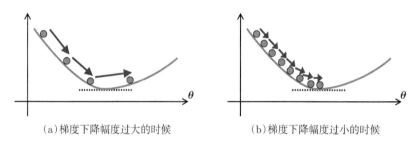

（a）梯度下降幅度过大的时候　　　　（b）梯度下降幅度过小的时候

当梯度下降幅度过大的时候，学习结果往往会不稳定；而当梯度下降幅度过小的时候，又会使得收敛速度变慢。

图15.1　梯度下降法中幅度的设定

　　因此，一般会引入一个惩罚系数，即偏离现在的解 $\widetilde{\boldsymbol{\theta}}$ 的幅度，对梯度下降量进行适当的调整。

$$\widehat{\boldsymbol{\theta}} = \underset{\boldsymbol{\theta}}{\mathrm{argmin}} \left[J(\boldsymbol{\theta}) + \frac{\lambda}{2} \parallel \boldsymbol{\theta} - \widetilde{\boldsymbol{\theta}} \parallel^2 \right] \tag{15.1}$$

其中，λ 为正的标量。这样的学习方法对激进的梯度下降进行了抑制，称为被动攻击学习（图15.2）。下面介绍利用被动攻击学习进行分类和回归的相关算法。

图15.2 被动攻击学习对激进的梯度下降进行了抑制，可以得到稳定的学习结果

15.1.2 被动攻击分类

进行分类时的损失函数，一般使用 Hinge 损失的平方形式，即二乘 Hinge 损失。

$$J(\boldsymbol{\theta}) = \frac{1}{2}\Big(\max\Big\{0, 1 - m\Big\}\Big)^2$$

在这里，$m=\boldsymbol{\theta}^\top \boldsymbol{x}y$ 表示的是间隔。二乘 Hinge 损失，可以用二乘损失右侧等于零时的损失来解释（图15.3）。

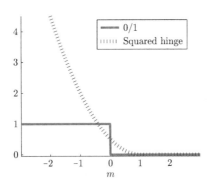

图15.3 与分类问题相对应的二乘 Hinge 损失（Squared Hinge Loss）

与二乘 Hinge 损失相对应的被动攻击学习中，可以求得解析解。具体而言，首先对二乘 Hinge 损失进行分解，变换成如下的最优化问题（15.1）。

$$\min_{\boldsymbol{\theta}, \xi} \left[\frac{1}{2} \xi^2 + \frac{\lambda}{2} \|\boldsymbol{\theta} - \widetilde{\boldsymbol{\theta}}\|^2 \right] \quad \text{约束条件} \ \xi \geqslant 1 - m \quad (15.2)$$

通过二乘 Hinge 损失可以得到 $\xi \geqslant 0$ 这样的约束条件，目标函数中包含的 ξ 一般为非负数值 ξ^2，因此即使省略了 $\xi \geqslant 0$，解也不会发生变化。

当 $1 - m \leqslant 0$ 的时候，$\xi = 0$ 为最优解，因此可以直接得到

$$\widehat{\boldsymbol{\theta}} = \widetilde{\boldsymbol{\theta}} \quad (15.3)$$

即，新的解 $\widehat{\boldsymbol{\theta}}$ 并不对现在的解 $\widetilde{\boldsymbol{\theta}}$ 进行更新。

接着，考虑 $1 - m > 0$ 的情况。首先，在有约束条件的最优化问题（15.2）中引入拉格朗日乘子 α，定义拉格朗日函数（图 4.5）。

$$L(\boldsymbol{\theta}, \xi, \alpha) = \frac{1}{2} \xi^2 + \frac{\lambda}{2} \|\boldsymbol{\theta} - \widetilde{\boldsymbol{\theta}}\|^2 + \alpha(1 - m - \xi) \quad (15.4)$$

这个时候，根据如图 8.7 所示的 KKT 最优条件，可以得到

$$\begin{aligned} \frac{\partial L}{\partial \boldsymbol{\theta}} = \boldsymbol{0} &\implies \boldsymbol{\theta} = \widetilde{\boldsymbol{\theta}} + \frac{\alpha y}{\lambda} \boldsymbol{x} \\ \frac{\partial L}{\partial \xi} = 0 &\implies \xi = \alpha \end{aligned} \quad (15.5)$$

将上式代入式（15.4）的拉格朗日函数，消去 $\boldsymbol{\theta}$ 和 ξ，可得

$$L(\alpha) = -\frac{\alpha^2}{2} \left(\frac{\|\boldsymbol{x}\|^2}{\lambda} + 1 \right) + \alpha \left(1 - \widetilde{\boldsymbol{\theta}}^\top \boldsymbol{x} y \right)$$

通过对其进行微分并使其等于 0，$L(\alpha)$ 就可以求得如下的最大值。

$$\alpha = \frac{1 - \widetilde{\boldsymbol{\theta}}^\top \boldsymbol{x} y}{\|\boldsymbol{x}\|^2 / \lambda + 1}$$

把上式再代入式 (15.5)，可以得到

$$\widehat{\boldsymbol{\theta}} = \widetilde{\boldsymbol{\theta}} + \frac{(1 - \widetilde{\boldsymbol{\theta}}^\top \boldsymbol{x}y)y}{\|\boldsymbol{x}\|^2 + \lambda}\boldsymbol{x} \tag{15.6}$$

综合式 (15.3) 和式 (15.6)，即可通过下式求得被动攻击分类的最终解 $\widehat{\boldsymbol{\theta}}$。

$$\widehat{\boldsymbol{\theta}} = \widetilde{\boldsymbol{\theta}} + \frac{y \max(0, 1 - \widetilde{\boldsymbol{\theta}}^\top \boldsymbol{x}y)}{\|\boldsymbol{x}\|^2 + \lambda}\boldsymbol{x}$$

图 15.4 表示的是被动攻击分类的具体算法流程。

❶ 选取初始值为，$\boldsymbol{\theta} \longleftarrow \mathbf{0}$。

❷ 利用新输入的训练样本 $(\boldsymbol{x}, y)$，使用下式对参数 $\boldsymbol{\theta}$ 进行更新。

$$\boldsymbol{\theta} \longleftarrow \boldsymbol{\theta} + \frac{y \max(0, 1 - \boldsymbol{\theta}^\top \boldsymbol{x}y)}{\|\boldsymbol{x}\|^2 + \lambda}\boldsymbol{x}$$

❸ 返回第❷步。

图 15.4 被动攻击分类的具体算法流程

图 15.5 表示的是被动攻击分类的实例。在经过 3 次迭代后，基本上得到了与最终结果类似的分类，正样本和负样本都得到了很好的分离。图 15.6 表示的是被动攻击分类的 MATLAB 程序源代码。在这个程序里，通过把 $\boldsymbol{x} = (x^{(1)}, \cdots, x^{(d)})$ 扩大为用 $(\boldsymbol{x}^\top, 1)^\top$，即可像下式这样表示截距。

$$f_{\boldsymbol{\theta}}(\boldsymbol{x}) = \boldsymbol{\theta}^\top (\boldsymbol{x}^\top, 1)^\top = \sum_{j=1}^{d} \theta_j x^{(j)} + \theta_{d+1}$$

除二乘 Hinge 损失之外，即使对于一般的 Hinge 损失（图 8.11）

$$J(\boldsymbol{\theta}) = \max\{0, 1 - m\}$$

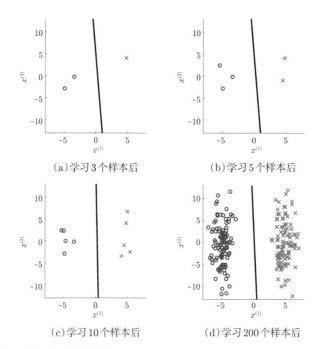

（a）学习3个样本后 （b）学习5个样本后

（c）学习10个样本后 （d）学习200个样本后

图15.5 被动攻击分类的实例

```
n=200; x=[randn(1,n/2)-5 randn(1,n/2)+5; 5*randn(1,n)]';
y=[ones(n/2,1);-ones(n/2,1)];
x(:,3)=1; p=randperm(n); x=x(p,:); y=y(p);

t=zeros(3,1); l=1;
for i=1:length(x)
  xi=x(i,:)'; yi=y(i);
  t=t+yi*max(0,1-t'*xi*yi)/(xi'*xi+l)*xi;
end

figure(1); clf; hold on; axis([-10 10 -10 10]);
plot(x(y==1,1),x(y==1,2 ),'bo');
plot(x(y==-1,1),x(y==-1,2),'rx');
plot([-10 10], -(t(3)+[-10 10]*t(1))/t(2),'k-');
```

图15.6 被动攻击分类的MATLAB程序源代码

也同样可以推导出被动攻击的具体算法。对于一般的 Hinge 损失而言，可以对参数 $\boldsymbol{\theta}$ 进行如下的更新。

$$\boldsymbol{\theta} \longleftarrow \boldsymbol{\theta} + y \min\left\{\frac{1}{\lambda}, \frac{\max(0, 1-m)}{\|\boldsymbol{x}\|^2}\right\} \boldsymbol{x}$$

15.1.3 被动攻击回归

稍微改变一下损失函数的话，被动攻击学习的思想对回归问题也是适用的。在这里，对于残差 $r = \boldsymbol{\theta}^\top \boldsymbol{x} - y$，使用 ℓ_2 损失或 ℓ_1 损失（图 6.2）。

$$J(\boldsymbol{\theta}) = \frac{1}{2}r^2, \quad J(\boldsymbol{\theta}) = |r|$$

通过进行与分类问题相类似的推导，即可得到与 ℓ_2 损失或 ℓ_1 损失相对应的如下的参数更新规则。

$$\boldsymbol{\theta} \longleftarrow \boldsymbol{\theta} - \frac{r}{\|\boldsymbol{x}\|^2 + \lambda}\boldsymbol{x}, \quad \boldsymbol{\theta} \longleftarrow \boldsymbol{\theta} - \text{sign}(r) \min\left\{\frac{1}{\lambda}, \frac{|r|}{\|\boldsymbol{x}\|^2}\right\} \boldsymbol{x}$$

15.2 适应正则化学习

被动攻击学习中使用的是没有上界的损失函数，因此往往不能很好地处理异常值。而如果使用 6.3 节中介绍的图基（Tukey）损失或 8.6 节中介绍的 Ramp 损失等有上界的损失函数的话，即可大幅提高它对异常值的鲁棒性。然而，具有上界的损失函数是非凸函数，想要进行最优化求解往往是很困难的。本节将介绍一种利用在线学习特性的鲁棒学习算法——适应正则化学习。

15.2.1 参数分布的学习

适应正则化学习，并不只是对参数 $\boldsymbol{\theta}$ 进行学习，而是对参数的概率分布进行学习。具体而言，首先假定参数 $\boldsymbol{\theta}$ 的概率分布为高斯分布。高斯分布，是由以下的概率密度函数决定的概率分布（图 15.7）。

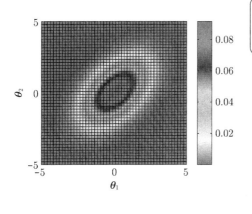

期望值为高斯分布的中心坐标，协方差矩阵以椭圆形的等高线形式进行表示。

图15.7 期望值为 $\boldsymbol{\mu} = (0,0)^\top$、协方差矩阵为 $\boldsymbol{\Sigma} = \left(\begin{smallmatrix} 2 & 1 \\ 1 & 2 \end{smallmatrix}\right)$ 的高斯分布 $N(\boldsymbol{\mu}, \boldsymbol{\Sigma})$

$$(2\pi)^{-d/2}\det(\boldsymbol{\Sigma})^{-1/2}\exp\left(-\frac{1}{2}(\boldsymbol{\theta} - \boldsymbol{\mu})^\top\boldsymbol{\Sigma}^{-1}(\boldsymbol{\theta} - \boldsymbol{\mu})\right)$$

其中，$\det(\cdot)$ 表示的是行列式。高斯分布由期望值 $\boldsymbol{\mu}$ 和协方差矩阵 $\boldsymbol{\Sigma}$ 来定义。期望值为 $\boldsymbol{\mu}$、协方差矩阵为 $\boldsymbol{\Sigma}$ 的高斯分布可以用 $N(\boldsymbol{\mu}, \boldsymbol{\Sigma})$ 来表示。

适应正则化学习中，对下式的规则为最小时所对应的 $\boldsymbol{\theta}$ 的期望值 $\boldsymbol{\mu}$ 和协方差矩阵 $\boldsymbol{\Sigma}$ 进行学习。

$$J(\boldsymbol{\mu}) + \frac{1}{2}\boldsymbol{x}^\top\boldsymbol{\Sigma}\boldsymbol{x} + C \cdot \mathrm{KL}\left(N(\boldsymbol{\mu}, \boldsymbol{\Sigma}) \,\middle\|\, N(\widetilde{\boldsymbol{\mu}}, \widetilde{\boldsymbol{\Sigma}})\right) \tag{15.7}$$

第一项的 $J(\boldsymbol{\mu})$，表示的是新输入的训练样本 $(\boldsymbol{x}, y)$ 满足参数 $\boldsymbol{\theta} = \boldsymbol{\mu}$ 时的损失。第二项的 $\boldsymbol{x}^\top\boldsymbol{\Sigma}\boldsymbol{x}$ 为协方差矩阵 $\boldsymbol{\Sigma}$ 对应的正则化项，根据训练输入样本向量 $\boldsymbol{x}$ 的各个元素的大小，对正则化项的大小进行调整。第三项的 $C \cdot \mathrm{KL}(N(\boldsymbol{\mu}, \boldsymbol{\Sigma}) \,\|\, N(\widetilde{\boldsymbol{\mu}}, \widetilde{\boldsymbol{\Sigma}}))$，其作用与被动攻击学习相类似，即调整解的变化量。式中，$C > 0$ 表示的是正则化参数的倒数，$\widetilde{\boldsymbol{\mu}}$ 和 $\widetilde{\boldsymbol{\Sigma}}$ 是到现在为止计算得到的 $\boldsymbol{\mu}$ 和 $\boldsymbol{\Sigma}$ 的解。$\mathrm{KL}(p \,\|\, q)$ 是概率密度函数 p 到 q 的 KL 距离。

$$\mathrm{KL}(p \,\|\, q) = \int p(\boldsymbol{x})\log\frac{p(\boldsymbol{x})}{q(\boldsymbol{x})}\,\mathrm{d}\boldsymbol{x}$$

15.1节中介绍的被动攻击学习，是利用参数向量间的欧氏距离的平方 $\| \boldsymbol{\theta} - \widetilde{\boldsymbol{\theta}} \|^2$ 来调整变化量的。另一方面，适应正则化学习则是通过利用概率分布间的KL距离 $\mathrm{KL}(N(\boldsymbol{\mu}, \boldsymbol{\Sigma}) \parallel N(\widetilde{\boldsymbol{\mu}}, \widetilde{\boldsymbol{\Sigma}}))$，来调整参数向量 $\boldsymbol{\theta}$ 的各个元素的估计散度的。这样就可以根据参数向量的各个元素的估计的可信度，来对其变化量进行更适宜的调整。

两个高斯分布间的KL距离，可以表示为下式的闭环形式。

$$\mathrm{KL}\left(N(\boldsymbol{\mu}, \boldsymbol{\Sigma}) \middle\| N(\widetilde{\boldsymbol{\mu}}, \widetilde{\boldsymbol{\Sigma}})\right)$$

$$= \frac{1}{2}\left\{\log \frac{\det(\widetilde{\boldsymbol{\Sigma}})}{\det(\boldsymbol{\Sigma})} + \mathrm{tr}(\widetilde{\boldsymbol{\Sigma}}^{-1}\boldsymbol{\Sigma}) + (\boldsymbol{\mu} - \widetilde{\boldsymbol{\mu}})^{\top}\widetilde{\boldsymbol{\Sigma}}^{-1}(\boldsymbol{\mu} - \widetilde{\boldsymbol{\mu}}) - d\right\}$$

其中，d 表示的是向量 $\boldsymbol{x}$ 的维度。在本节以下部分，将介绍利用适应正则化学习进行分类和回归的机器学习算法。

15.2.2　适应正则化分类

进行分类的损失函数，一般利用与期望值向量 $\boldsymbol{\mu}$ 相对应的二乘Hinge损失（图15.3）。

$$J(\boldsymbol{\mu}) = \frac{1}{2}\left(\max\left\{0, 1 - \boldsymbol{\mu}^{\top}\boldsymbol{x}y\right\}\right)^2$$

这个时候，若与式（15.7）中的 $\boldsymbol{\mu}$ 相关的偏微分为零，则解 $\widehat{\boldsymbol{\mu}}$ 满足下式。

$$\widehat{\boldsymbol{\mu}} = \widetilde{\boldsymbol{\mu}} + y\max(0, 1 - \widetilde{\boldsymbol{\mu}}^{\top}\boldsymbol{x}y)\widetilde{\boldsymbol{\Sigma}}\boldsymbol{x}/\beta$$

其中，$\beta = \boldsymbol{x}^{\top}\widetilde{\boldsymbol{\Sigma}}\boldsymbol{x} + C$。另外，若使用与矩阵相关的微分公式

$$\frac{\partial}{\partial \boldsymbol{\Sigma}}\log\det(\boldsymbol{\Sigma}) = \boldsymbol{\Sigma}^{-1}, \quad \frac{\partial}{\partial \boldsymbol{\Sigma}}\mathrm{tr}\left(\widetilde{\boldsymbol{\Sigma}}^{-1}\boldsymbol{\Sigma}\right) = \widetilde{\boldsymbol{\Sigma}}^{-1}$$

就可以对与式（15.7）中的 $\boldsymbol{\Sigma}$ 相关的偏微分进行求解。若将其设为0，则解 $\widehat{\boldsymbol{\Sigma}}$ 满足下式。

$$\widehat{\boldsymbol{\Sigma}}^{-1} = \widetilde{\boldsymbol{\Sigma}}^{-1} - \frac{\boldsymbol{x}\boldsymbol{x}^{\top}}{C}$$

然后，再利用逆矩阵公式，上式就可以表示为

$$\widehat{\boldsymbol{\Sigma}} = \widetilde{\boldsymbol{\Sigma}} - \widetilde{\boldsymbol{\Sigma}}\boldsymbol{x}\boldsymbol{x}^{\top}\widetilde{\boldsymbol{\Sigma}}/\beta$$

利用这样的表现形式，就可以不用求逆矩阵而直接对$\widehat{\boldsymbol{\Sigma}}$进行求解。

正则化分类的算法如图15.8所示。当向量$\boldsymbol{x}$的维度d较大的时候，计算$d \times d$的协方差矩阵$\boldsymbol{\Sigma}$会花费很多时间。在这种情况下，把$\boldsymbol{\Sigma}$的非对角元素置为0，只使用其对角元素进行计算，即可大幅降低计算时间和内存消耗。

---

❶ 选取初始值为，$\boldsymbol{\mu} \leftarrow \mathbf{0}$，$\boldsymbol{\Sigma} \leftarrow \boldsymbol{I}$。

❷ 与新输入的训练样本$(\boldsymbol{x}, y)$相对应的间隔$m = \boldsymbol{\mu}^{\top}\boldsymbol{x}y$，如果满足$m < 1$的话，则使用下式对参数$\boldsymbol{\mu}$和$\boldsymbol{\Sigma}$进行更新。

$$\boldsymbol{\mu} \leftarrow \boldsymbol{\mu} + y\max(0, 1 - m)\boldsymbol{\Sigma}\boldsymbol{x}/\beta, \quad \boldsymbol{\Sigma} \leftarrow \boldsymbol{\Sigma} - \boldsymbol{\Sigma}\boldsymbol{x}\boldsymbol{x}^{\top}\boldsymbol{\Sigma}/\beta$$

其中，$\beta = \boldsymbol{x}^{\top}\boldsymbol{\Sigma}\boldsymbol{x} + C$。

❸ 返回第❷步。

图15.8 适应正则化分类的具体算法流程

图15.9表示的是适应正则化分类的实例。适应正则化分类对异常值的影响有相当好的抑制，能够得到比被动攻击的鲁棒性还要高的学习结果。图15.10表示的是适应正则化分类的MATLAB程序源代码。

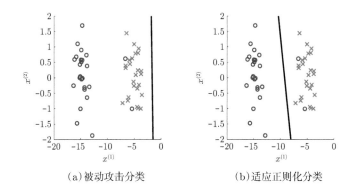

（a）被动攻击分类　　　　（b）适应正则化分类

图15.9 被动攻击分类和适应正则化分类的实例。适应正则化分类能够得到比被动攻击的鲁棒性还要高的学习结果

```
n=50; x=[randn(1,n/2)-15 randn(1,n/2)-5; randn(1,n)]';
y=[ones(n/2,1) ; -ones(n/2,1)] ; x(1:2,1)=x(1:2,1)+10;
x(:,3)=1; p=randperm(n); x=x(p,:); y=y(p);

mu=zeros(3,1); S=eye(3); C=1 ;
for i=1:length(x)
  xi=x(i,:)'; yi=y(i); z=S*xi; b=xi'*z+C; m=yi*mu'*xi;
  if m<1, mu=mu+yi*(1-m)*z/b; S=S-z*z'/b; end
end

figure(1); clf; hold on; axis([-20 0 -2 2]);
plot(x(y==1,1),x(y==1,2),'bo');
plot(x(y==-1,1),x(y==-1,2),'rx');
plot([-20 0], -(mu(3)+[-20 0]*mu(1))/mu(2),'k-');
```

图15.10 适应正则化分类的MATLAB程序源代码

15.2.3 适应正则化回归

进行回归的损失函数，一般利用与期望值向量 $\boldsymbol{\mu}$ 相对应的 ℓ_2 损失

$$J(\boldsymbol{\mu}) = \frac{1}{2}(\boldsymbol{\mu}^\top \boldsymbol{x} - y)^2$$

这个时候，如果与式(15.7)中的 $\boldsymbol{\mu}$ 相关的偏微分为0，则可以得到如下的更新式。

$$\boldsymbol{\mu} \longleftarrow \boldsymbol{\mu} + (\boldsymbol{\mu}^\top \boldsymbol{x} - y)\boldsymbol{\Sigma}\boldsymbol{x}/\beta, \quad \boldsymbol{\Sigma} \longleftarrow \boldsymbol{\Sigma} - \boldsymbol{\Sigma}\boldsymbol{x}\boldsymbol{x}^\top\boldsymbol{\Sigma}/\beta$$

其中，$\beta = \boldsymbol{x}^\top\boldsymbol{\Sigma}\boldsymbol{x} + C$。这种方法也称为递归最小二乘法。

半监督学习

在第 II 部分和第 III 部分，介绍了使用训练样本 $\{(\boldsymbol{x}_i, y_i)\}_{i=1}^{n}$ 进行回归和分类的各种算法。本章将介绍除了输入输出成对出现的训练样本 $\{(\boldsymbol{x}_i, y_i)\}_{i=1}^{n}$ 外，通过利用在学习过程中追加的输入训练样本 $\{\boldsymbol{x}_i\}_{i=n+1}^{n+n'}$，进而提高学习精度的半监督学习算法。

在近些年的机器学习算法的具体应用中，上述的只作为输入的训练样本的收集变得更加容易了。例如，在网页的分类问题中，为了生成输入输出成对出现的训练样本 $\{(\boldsymbol{x}_i, y_i)\}_{i=1}^{n}$，需要人们在看到网页 $\boldsymbol{x}_i$ 以后，采用人工输入的方法对其添加标签 y_i。而对于只有输入的训练样本 $\{\boldsymbol{x}_i\}_{i=n+1}^{n+n'}$ 而言，则不需要人工介入，互联网本身即可自动完成数据的收集工作（图 16.1）。

图 16.1 对于没有标签的网页，不需要人工介入，互联网本身即可自动完成数据的收集工作

对输入输出关系进行学习的监督学习，可以看作是在已知输入 $\boldsymbol{x}$ 的时候，对输出 y 的条件概率 $p(y\,|\,\boldsymbol{x})$ 进行估计的问题。另一方面，由于只有输入的训练样本中没有输出，只包含输入的概率密度 $p(\boldsymbol{x})$ 的相关信息。因此，只利用输入的训练样本直接对条件概率 $p(y\,|\,\boldsymbol{x})$ 进行学习，并不会得到很好的效果。半监督学习会首先假定输入概率密度 $p(\boldsymbol{x})$ 和条件概率密度 $p(y\,|\,\boldsymbol{x})$ 之间具有某种关联，利用对输入概率密度 $p(\boldsymbol{x})$ 的估计来辅助对条件概率密度 $p(y\,|\,\boldsymbol{x})$ 的估计，进而使得最终的学习精度得以提升。

本章将介绍基于流形的假设的半监督学习方法。流形是一数学用语，一般指局部具有欧几里得空间性质的图形，在半监督学习里指的是输入空间的局部范围。半监督学习中流形的假设，就相当于设定了这样一种情况，即输入数据只出现在某个流形上，输出则在该流形上平滑地变化。如果是回归问题的话，就与输入输出函数在流形上平滑地变化相对应；如果是分类问题的话，则对应于属于同一类别的数据具有相同的类别标签（图16.2）。

类别1

类别2

假定属于同一类别的数据具有相同的类别标签。

图16.2 半监督分类

图2.6中介绍的高斯核函数，实际上是灵活应用了流形的假设后形成的模型。

$$\boldsymbol{f_\theta}(\boldsymbol{x}) = \sum_{j=1}^{n} \theta_j K(\boldsymbol{x}, \boldsymbol{x}_j), \quad K(\boldsymbol{x}, \boldsymbol{c}) = \exp\left(-\frac{\|\boldsymbol{x} - \boldsymbol{c}\|^2}{2h^2}\right) \quad (16.1)$$

即通过在训练输入样本 $\{\boldsymbol{x}_i\}_{i=1}^{n}$ 上设置平滑的高斯核函数，进而使得输入数据在流形上学习得到平滑的输入输出函数。

半监督学习在核函数的构成中，也灵活应用了只有输入数据的训练样本 $\{\boldsymbol{x}_i\}_{i=n+1}^{n+n'}$。

$$\boldsymbol{f_\theta}(\boldsymbol{x}) = \sum_{j=1}^{n+n'} \theta_j K(\boldsymbol{x}, \boldsymbol{x}_j)$$

另外，为了使训练输入样本的输出 $\{f_{\boldsymbol{\theta}}(\boldsymbol{x}_i)\}_{i=1}^{n+n'}$ 拥有局部相似值，还需要添加约束条件。例如，对于 ℓ_2 正则化最小二乘学习的情况，有以下学习规则。

$$\min_{\boldsymbol{\theta}} \left[\frac{1}{2} \sum_{i=1}^{n} \left(f_{\boldsymbol{\theta}}(\boldsymbol{x}_i) - y_i \right)^2 + \frac{\lambda}{2} \|\boldsymbol{\theta}\|^2 \right.$$
$$\left. + \frac{\nu}{4} \sum_{i,i'=1}^{n+n'} W_{i,i'} \left(f_{\boldsymbol{\theta}}(\boldsymbol{x}_i) - f_{\boldsymbol{\theta}}(\boldsymbol{x}_{i'}) \right)^2 \right] \qquad (16.2)$$

上式的第一项和第二项与 ℓ_2 正则化最小二乘学习相对应。第三项是进行半监督学习所需的正则化项，称为拉普拉斯正则化。这个名称的由来将在 16.3 节中详细说明。$\nu \geqslant 0$ 是调整流形的平滑性的半监督学习的正则化参数。$W_{i,i'} \geqslant 0$ 是 $\boldsymbol{x}_i$ 和 $\boldsymbol{x}_{i'}$ 的相似度，当 $\boldsymbol{x}_i$ 和 $\boldsymbol{x}_{i'}$ 相似的时候，$W_{i,i'}$ 具有较大的值；当 $\boldsymbol{x}_i$ 和 $\boldsymbol{x}_{i'}$ 不相似的时候，$W_{i,i'}$ 具有较小的值。$W_{i,i'}$ 是对称的，即假定满足 $W_{i,i'} = W_{i',i}$。图 13.8 表示的就是经常使用的与相似度有关的实例。

16.2 拉普拉斯正则化最小二乘学习的求解方法

本节介绍求解拉普拉斯正则化最小二乘学习的解的方法。对角元素为矩阵 $\boldsymbol{W}$ 的各行元素之和的对角矩阵用 $\boldsymbol{D}$ 来表示，矩阵 $\boldsymbol{D}$ 和矩阵 $\boldsymbol{W}$ 的差用矩阵 $\boldsymbol{L}$ 表示。

$$D = \mathrm{diag}\left(\sum_{i=1}^{n+n'} W_{1,i}, \cdots, \sum_{i=1}^{n+n'} W_{n+n',i} \right), \quad L = D - W$$

在这种情况下，式(16.2)的目标函数的第三项可以简化为下式这样的形式。

$$\sum_{i,i'=1}^{n+n'} W_{i,i'} \Big(f_{\boldsymbol{\theta}}(\boldsymbol{x}_i) - f_{\boldsymbol{\theta}}(\boldsymbol{x}_{i'}) \Big)^2$$

$$= \sum_{i=1}^{n+n'} D_{i,i} f_{\boldsymbol{\theta}}(\boldsymbol{x}_i)^2 - 2 \sum_{i,i'=1}^{n+n'} W_{i,i'} f_{\boldsymbol{\theta}}(\boldsymbol{x}_i) f_{\boldsymbol{\theta}}(\boldsymbol{x}_{i'}) + \sum_{i'=1}^{n+n'} D_{i',i'} f_{\boldsymbol{\theta}}(\boldsymbol{x}_i)^2$$

$$= 2 \sum_{i,i'=1}^{n+n'} L_{i,i'} f_{\boldsymbol{\theta}}(\boldsymbol{x}_i) f_{\boldsymbol{\theta}}(\boldsymbol{x}_{i'})$$

使用这样的表现形式的话，式(16.1)的核模型所对应的式(16.2)的最优化问题，就可以归结为下式的一般化 ℓ_2 约束最小二乘学习。

$$\min_{\boldsymbol{\theta}} \left[\frac{1}{2} \sum_{i=1}^{n} \left(\sum_{j=1}^{n+n'} \theta_j K(\boldsymbol{x}_i, \boldsymbol{x}_j) - y_i \right)^2 + \frac{\lambda}{2} \sum_{j=1}^{n+n'} \theta_j^2 \right.$$

$$\left. + \frac{\nu}{2} \sum_{j,j'=1}^{n+n'} \theta_j \theta_{j'} \sum_{i,i'=1}^{n+n'} L_{i,i'} K(\boldsymbol{x}_i, \boldsymbol{x}_j) K(\boldsymbol{x}_{i'}, \boldsymbol{x}_{j'}) \right] \qquad (16.3)$$

与所有的 $n + n'$ 个训练输入样本 $\{\boldsymbol{x}_i\}_{i=1}^{n+n'}$ 相对应的核矩阵，

$$K = \begin{pmatrix} K(\boldsymbol{x}_1, \boldsymbol{x}_1) & \cdots & K(\boldsymbol{x}_1, \boldsymbol{x}_{n+n'}) \\ \vdots & \ddots & \vdots \\ K(\boldsymbol{x}_{n+n'}, \boldsymbol{x}_1) & \cdots & K(\boldsymbol{x}_{n+n'}, \boldsymbol{x}_{n+n'}) \end{pmatrix}$$

可以用上式进行表示。参数向量和训练输出样本向量由下式进行定义。

$$\boldsymbol{\theta} = (\theta_1, \cdots, \theta_{n+n'})^{\top}, \quad \boldsymbol{y} = (y_1, \cdots, y_n, \underbrace{0, \cdots, 0}_{n' \text{个}})^{\top}$$

因为没有给定训练输出样本$\{y_i\}_{i=n+1}^{n+n'}$，所以上式中的$\boldsymbol{y}$为0。使用这样的标记以后，式（16.3）的最优化问题即可简化为下式这样。

$$\min_{\boldsymbol{\theta}}\left[\frac{1}{2}\left\|\boldsymbol{K\theta}-\boldsymbol{y}\right\|^2+\frac{\lambda}{2}\left\|\boldsymbol{\theta}\right\|^2+\frac{\nu}{2}\boldsymbol{\theta}^\top\boldsymbol{KLK\theta}\right]$$

即可求得解$\widehat{\boldsymbol{\theta}}$的解析解。

$$\widehat{\boldsymbol{\theta}}=(\boldsymbol{K}^2+\lambda\boldsymbol{I}+\nu\boldsymbol{KLK})^{-1}\boldsymbol{Ky}$$

图16.3(a)表示的是拉普拉斯正则化最小二乘学习的实例。在这个例子里，有标签的训练样本仅仅只有两个（每个类别一个），是一个难度非常大的机器学习的例子。通过对没有标签的训练样本采用拉普拉斯正则化进行处理，弯曲状的数据群被很好地分成了两类。一般而言，使用通常的最小二乘学习法对有标签的两个训练样本进行学习的时候，只能得到如图16.3(b)那样的将两个训练样本从正中间直线分割的分类结果。图16.4表示的是拉普拉斯正则化最小二乘学习的MATLAB程序源代码。

本节虽然只介绍了利用拉普拉斯正则化进行最小二乘学习的例子，但是拉普拉斯正则化方法也适用于第Ⅱ部分和第Ⅲ部分中介绍的各种回归和分类算法。

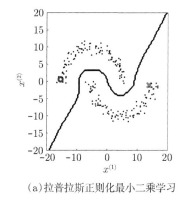

（a）拉普拉斯正则化最小二乘学习

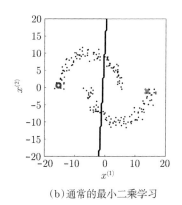

（b）通常的最小二乘学习

图16.3 半监督学习和通常的监督学习的例子。点表示的是没有标签的训练样本

```
n=200; a=linspace(0,pi,n/2);
u=-10*[cos(a)+0.5 cos(a)-0.5]'+randn(n,1);
v=10*[sin(a) -sin(a)]'+randn(n,1);
x=[u v]; y=zeros(n,1); y(1)=1; y(n)=-1;
x2=sum(x.^2,2); hh=2*1^2;
k=exp(-(repmat(x2,1,n)+repmat(x2',n,1)-2*x*x')/hh); w=k;
t=(k^2+1*eye(n)+10*k*(diag(sum(w))-w)*k)\(k*y);

m=100; X=linspace(-20,20,m)'; X2=X.^2;
U=exp(-(repmat(u.^2,1,m)+repmat(X2',n,1)-2*u*X')/hh);
V=exp(-(repmat(v.^2,1,m)+repmat(X2',n,1)-2*v*X')/hh);
figure(1); clf; hold on; axis([-20 20 -20 20]);
colormap([1 0.7 1; 0.7 1 1]);
contourf(X,X,sign(V'*(U.*repmat(t,1,m))));
plot(x(y==1,1),x(y==1,2 ),'bo');
plot(x(y==-1,1),x(y==-1,2),'rx');
plot(x(y==0,1),x(y==0,2),'k.');
```

图16.4 拉普拉斯正则化最小二乘学习的MATLAB程序源代码

16.3 拉普拉斯正则化的解释

在上节中，把输入数据在流形上进行函数平滑的半监督学习算法称为拉普拉斯正则化。本节将假定训练输入样本 $\{\boldsymbol{x}_i\}_{i=n+1}^{n+n'}$ 的相似度 $W_{i,i'}$ 仅为0或1，对拉普拉斯正则化这一名称的由来进行详细说明。

对于训练输入样本 $\{\boldsymbol{x}_i\}_{i=n+1}^{n+n'}$ 的相似度 $W_{i,i'}$，从如下的图论规则进行说明。

- 将训练输入样本 $V = \{1, \cdots, n+n'\}$ 作为接点。

- 当 $W_{i,i'} = 1$ 的时候，接点 i 和 i' 之间有分支；当 $W_{i,i'} = 0$ 的时候，接点 i 和 i' 之间没有分支。

在图论中，表示分支有无的矩阵 W 称为邻接矩阵。这个矩阵 W 的各行元素之和与各个接点相连接的分支的个数相对应，称为接点的维度。另外，以维度为对角元素的对角矩阵 D，有 $L = D - W$，称为拉普拉斯矩阵（图论矩阵）。

比如，通过使用高斯核函数对相似度（图13.8）的值进行阈值处理，得到的结果是只有0或1的二值函数，即相似度 W。只要能确定合适的阈值，就可以得到如图16.5那样的数据在各自的聚类中相互连接的图形。在基于拉普拉斯正则化的半监督学习中，分支连接的各接点具有相同的类别标签。即通过从有标签的接点向没有标签的接点传播标签，相互连接的接点（数据群）就可以实现标签的共享。

让我们通过这样的视点重新看一下图16.3的学习实例。通常的最小二乘学习，可以理解为利用有一正一负的标签的训练样本，基于样本间的欧氏距离来求解其分类面。与此相对，拉普拉斯正则化学习，则可以理解为沿着输入样本的流形计算路径距离（图论中为最短路径），基于样本间的最短路径来求解其分类面。利用这样的方法，就可以把各个聚类中的所有数据，都归类到相同的类别中。

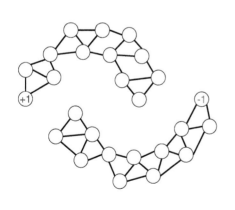

只要能确定合适的阈值，就可以得到数据在各自的聚类中相互连接的图形。

图16.5 把训练样本 $V = \{1, \cdots, n + n'\}$ 作为接点、由相似度 $W_{i,i'} \in \{0, 1\}$ 而决定分支的有无的图论

监督降维

正如第13章中介绍的那样，随着输入样本 $\boldsymbol{x}$ 的维度的增加，学习过程会变得越来越困难。本章将基于13.1节介绍的线性降维原理，介绍使用训练输入输出样本 $\{(\boldsymbol{x}_i, y_i)\}_{i=1}^{n}$ 进行监督降维的学习算法。监督降维算法的目的，是通过将输入 $\boldsymbol{x}$ 变换为低维的 $\boldsymbol{z}$，使输出 y 的预测更加容易。假设输入样本 $\boldsymbol{x}$ 的维度为 d，低维度下的 $\boldsymbol{z}$ 的维度为 m，$d \times m$ 阶矩阵为 $\boldsymbol{T}$。

$$\boldsymbol{z} = \boldsymbol{T}\boldsymbol{x}$$

并预先对训练样本 $\{(\boldsymbol{x}_i)\}_{i=1}^{n}$ 进行如图13.3那样的中心化处理。

$$\boldsymbol{x}_i \longleftarrow \boldsymbol{x}_i - \frac{1}{n}\sum_{i'=1}^{n} \boldsymbol{x}_{i'}$$

17.1 与分类问题相对应的判别分析

本节介绍与输出 y 为 $1, \cdots, c$ 的分类问题相对应的降维方法。

17.1.1 Fisher判别分析

首先介绍最基本的监督线性降维方法——Fisher判别分析。Fisher判别分析，是寻找能够使相同类别的样本尽量靠近，不同类别的样本尽量远离的矩阵 $\boldsymbol{T}$ 的方法。

首先，组内分散矩阵 $\boldsymbol{S}^{(\mathrm{w})}$ 和组间分散矩阵 $\boldsymbol{S}^{(\mathrm{b})}$ 由下式加以定义。

$$\boldsymbol{S}^{(\mathrm{w})} = \sum_{y=1}^{c} \sum_{i:y_i=y} (\boldsymbol{x}_i - \boldsymbol{\mu}_{\boldsymbol{y}})(\boldsymbol{x}_i - \boldsymbol{\mu}_{\boldsymbol{y}})^{\top} \in \mathbb{R}^{(d \times d)}$$

$$\boldsymbol{S}^{(\mathrm{b})} = \sum_{y=1}^{c} n_{\boldsymbol{y}} \boldsymbol{\mu}_{\boldsymbol{y}} \boldsymbol{\mu}_{\boldsymbol{y}}^{\top} \in \mathbb{R}^{d \times d}$$

在这里，"w"和"b"分别是"within-class"（组内）和"between-class"（组间）的首字母。$\sum_{i:y_i=y}$是所有满足$y_i=y$的y的和，$\boldsymbol{\mu}_y$是所有属于类别y的输入样本的平均值。

$$\boldsymbol{\mu}_y = \frac{1}{n_y} \sum_{i:y_i=y} \boldsymbol{x}_i$$

另外，n_y是属于类别y的训练样本总数。使用这样的分散矩阵的话，Fisher判别分析的投影矩阵即可由下式进行定义。

$$\max_{\boldsymbol{T} \in \mathbb{R}^{m \times d}} \text{tr}\left((\boldsymbol{T}\boldsymbol{S}^{(\text{w})}\boldsymbol{T}^\top)^{-1}\boldsymbol{T}\boldsymbol{S}^{(\text{b})}\boldsymbol{T}^\top\right)$$

也就是说，Fisher判别分析，是通过使投影后的组间分散矩阵$\boldsymbol{T}\boldsymbol{S}^{(\text{b})}\boldsymbol{T}$变大，组内分散矩阵$\boldsymbol{T}\boldsymbol{S}^{(\text{w})}\boldsymbol{T}$变小，来决定矩阵$\boldsymbol{T}$的。

这里考虑与矩阵对$(\boldsymbol{S}^{(\text{b})}, \boldsymbol{S}^{(\text{w})})$相关的一般化特征值问题，

$$\boldsymbol{S}^{(\text{b})}\boldsymbol{\xi} = \lambda \boldsymbol{S}^{(\text{w})}\boldsymbol{\xi}$$

与一般化特征值对应的一般化特征向量分别用$\lambda_1 \geqslant \cdots \geqslant \lambda_d \geqslant 0$和$\boldsymbol{\xi}_1, \cdots, \boldsymbol{\xi}_d$来表示。这样，Fisher判别分析即可进行解析求解。

$$\widehat{\boldsymbol{T}} = (\boldsymbol{\xi}_1, \cdots, \boldsymbol{\xi}_m)^\top$$

即Fisher判别分析的投影矩阵，是依据与矩阵对$(\boldsymbol{S}^{(\text{b})}, \boldsymbol{S}^{(\text{w})})$的较大的$m$个一般化特征值相对应的一般化特征向量来确定的。

图17.1表示的是Fisher判别分析的实例。在左例中，将原始的$d=2$次维的数据降维到了$m=1$次维，得到了很好地分离了原始数据的局部空间。但是在右例中，标记为○的类别的输入样本具有多峰值特性，并没有得到理想的分类结果。图17.2表示的是Fisher判别分析的MATLAB程序源代码。

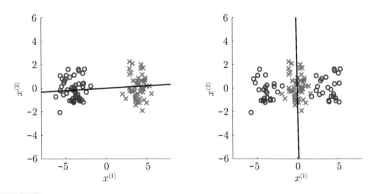

图 17.1 Fisher 判别分析的实例。直线表示的是一维的正投影空间

```
n=100; x=randn(n,2);
x(1:n/2,1)=x(1:n/2,1)-4; x(n/2+1:end,1)=x(n/2+1:end,1)+4;
%x(1:n/4,1)=x(1:n/4,1)-4; x(n/4+1:n/2,1)=x(n/4+1:n/2,1)+4;
x=x-repmat(mean(x), [n,1]); y=[ones(n/2,1); 2*ones(n/2,1)];

m1=mean(x(y==1,:)); x1=x(y==1,:)-repmat(m1,[n/2,1]);
m2=mean(x(y==2,:)); x2=x(y==2,:)-repmat(m2,[n/2,1]);
[t,v]=eigs(n/2*m1'*m1+n/2*m2'*m2,x1'*x1+x2'*x2,1);

figure(1); clf; hold on; axis([-8 8 -6 6])
plot(x(y==1,1),x(y==1,2),'bo')
plot(x(y==2,1),x(y==2,2),'rx')
plot(99*[-t(1) t(1)],99*[-t(2) t(2)],'k-')
```

图 17.2 Fisher 判别分析的 MATLAB 程序源代码

17.1.2 局部 Fisher 判别分析

Fisher 判别分析是一种便捷的监督降维方法，在实际中有广泛应用。但是如图 17.1 所示，当某些类别的输入样本具有多峰值特性的时候，

往往不能得到理想的结果。另外，组间分散矩阵 $\boldsymbol{S}^{(\mathrm{b})}$ 的秩最多为 $c-1$，c 以后的一般化特征向量就没有意义了。因此，在 Fisher 判别分析中，需要设定正投影空间的维数 m 不能大于类别数 c。下面介绍解决这一问题的局部 Fisher 判别分析法。

Fisher 判别分析中使用的组内分散矩阵 $\boldsymbol{S}^{(\mathrm{w})}$ 和组间分散矩阵 $\boldsymbol{S}^{(\mathrm{b})}$，可以用下式的训练输入样本 $\{\boldsymbol{x}_i\}_{i=1}^n$ 对的形式表示。

$$\boldsymbol{S}^{(\mathrm{w})} = \frac{1}{2} \sum_{i:i'=1}^n Q_{i:i'}^{(\mathrm{w})} (\boldsymbol{x}_i - \boldsymbol{x}_{i'})(\boldsymbol{x}_i - \boldsymbol{x}_{i'})^\top$$

$$\boldsymbol{S}^{(\mathrm{b})} = \frac{1}{2} \sum_{i:i'=1}^n Q_{i:i'}^{(\mathrm{b})} (\boldsymbol{x}_i - \boldsymbol{x}_{i'})(\boldsymbol{x}_i - \boldsymbol{x}_{i'})^\top$$

式中，$Q_{i,i'}^{(\mathrm{w})}$ 和 $Q_{i,i'}^{(\mathrm{b})}$ 由下式定义。

$$Q_{i,i'}^{(\mathrm{w})} = \begin{cases} 1/n_y & (y_i = y_{i'} = y) \\ 0 & (y_i \neq y_{i'}) \end{cases} \qquad Q_{i,i'}^{(\mathrm{b})} = \begin{cases} 1/n - 1/n_y & (y_i = y_{i'} = y) \\ 1/n & (y_i \neq y_{i'}) \end{cases}$$

通过以上公式，Fisher 判别分析中对矩阵 $\boldsymbol{T}$ 的求解过程，就可以理解为是使相同类别的样本更加靠近，不同类别的样本更加分离。综上所述，可知通过使相同类别的样本对尽可能地靠近，即使相同类别的样本是由多个簇构成的，Fisher 判别分析也会无视簇构造，而强行把它们撮合为相同的类别，这样有时就不能得到理想的降维结果。

为了解决上述问题，局部 Fisher 判别分析使用如下的局部组内分散矩阵 $\boldsymbol{S}^{(\mathrm{lw})}$ 和局部组间分散矩阵 $\boldsymbol{S}^{(\mathrm{lb})}$。

$$\boldsymbol{S}^{(\mathrm{lw})} = \frac{1}{2} \sum_{i:i'=1}^n Q_{i:i'}^{(\mathrm{lw})} (\boldsymbol{x}_i - \boldsymbol{x}_{i'})(\boldsymbol{x}_i - \boldsymbol{x}_{i'})^\top$$

$$\boldsymbol{S}^{(\mathrm{lb})} = \frac{1}{2} \sum_{i:i'=1}^n Q_{i:i'}^{(\mathrm{lb})} (\boldsymbol{x}_i - \boldsymbol{x}_{i'})(\boldsymbol{x}_i - \boldsymbol{x}_{i'})^\top$$

式中，$Q_{i,i'}^{(\mathrm{lw})}$ 和 $Q_{i,i'}^{(\mathrm{lb})}$ 由下式定义。

$$Q_{i,i'}^{(\mathrm{lw})} = \begin{cases} W_{i,i'}/n_y & (y_i = y_{i'} = y) \\ 0 & (y_i \neq y_{i'}) \end{cases}$$

$$Q_{i,i'}^{(\mathrm{lb})} = \begin{cases} W_{i,i'}(1/n - 1/n_y) & (y_i = y_{i'} = y) \\ 1/n & (y_i \neq y_{i'}) \end{cases}$$

"l" 是 "local"（局部）的首字母。$0 \leqslant W_{i,i'} \leqslant 1$ 为训练输入样本 $\boldsymbol{x}_i$ 和 $\boldsymbol{x}_{i'}$ 的相似度（图 13.8）。在上述的局部分散矩阵中，相似度 $W_{i,i'}$ 适用于属于相同类别的样本对。通过这样的方法，对于属于相同类别但不相似（远离）的样本，强行把它们撮合为相同类别的力就会变弱，簇构造就可以得到保护。这样的思想，也可以理解为是将 13.3 节介绍的无监督降维算法中的局部保持投影应用到了各个类别里。另一方面，由于相似度的概念并不适用于属于不同类别的样本对，因此即使不使用相似度也可以对其进行分离。

使用上述的局部分散矩阵，局部 Fisher 判别分析的投影矩阵可由下式进行定义。

$$\max_{\boldsymbol{T} \in \mathbb{R}^{m \times d}} \mathrm{tr}\big((\boldsymbol{T}\boldsymbol{S}^{(\mathrm{lw})}\boldsymbol{T}^{\top})^{-1}\boldsymbol{T}\boldsymbol{S}^{(\mathrm{lb})}\boldsymbol{T}^{\top}\big)$$

上式是与原始的 Fisher 判别分析形式完全相同的最优化问题，因此，使用与矩阵对 $(\boldsymbol{S}^{(\mathrm{lb})}, \boldsymbol{S}^{(\mathrm{lw})})$ 的一般化特征值问题

$$\boldsymbol{S}^{(\mathrm{lb})}\boldsymbol{\xi} = \lambda \boldsymbol{S}^{(\mathrm{lw})}\boldsymbol{\xi}$$

的一般化特征值 $\lambda_1 \geqslant \cdots \geqslant \lambda_d \geqslant 0$ 相对应的一般化特征向量 $\boldsymbol{\xi}_1, \cdots, \boldsymbol{\xi}_d$，就可以对局部 Fisher 判别分析进行解析求解。

$$\widehat{\boldsymbol{T}} = (\boldsymbol{\xi}_1, \cdots, \boldsymbol{\xi}_m)^{\top}$$

图 17.3 表示的是局部 Fisher 判别分析的实例。当某些类别的输入样本具有多峰值特性时，也得到了理想的分类结果。图 17.4 表示的是局部 Fisher 判别分析的 MATLAB 程序源代码。

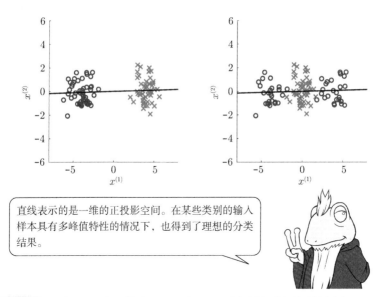

直线表示的是一维的正投影空间。在某些类别的输入样本具有多峰值特性的情况下，也得到了理想的分类结果。

图17.3 对与图17.1相同的数据采用局部Fisher判别分析进行处理的实例

```
n=100; x=randn(n,2);
x(1:n/2,1)=x(1:n/2,1)-4; x(n/2+1:end,1)=x(n/2+1:end,1)+4;
%x(1:n/4,1)=x(1:n/4,1)-4; x(n/4+1:n/2,1)=x(n/4+1:n/2,1)+4;
x=x-repmat(mean(x),[n,1]); y=[ones(n/2,1); 2*ones(n/2,1)];

Sw=zeros(2,2); Sb=zeros(2,2);
for j=1:2
  p=x(y==j,:); p1=sum(p); p2=sum(p.^2,2); nj=sum(y==j);
  W=exp(-(repmat(p2,1,nj)+repmat(p2',nj,1)-2*p*p'));
  G=p'*(repmat(sum(W,2),[1 2]).*p)-p'*W*p;
  Sb=Sb+G/n+p'*p*(1-nj/n)+p1'*p1/n; Sw=Sw+G/nj;
end
[t,v]=eigs((Sb+Sb')/2,(Sw+Sw')/2,1);

figure(1); clf; hold on; axis( [-8 8 -6 6])
plot(x(y==1,1),x(y==1,2),' bo')
plot(x(y==2,1),x(y==2,2),'rx')
plot(99*[-t(1) t(1)],99*[-t(2) t(2)],'k-')
```

图17.4 局部Fisher判别分析的MATLAB程序源代码

17.1.3 半监督局部Fisher判别分析

有监督的降维方法，在训练样本 $\{(\boldsymbol{x}_i, y_i)\}_{i=1}^{n}$ 的样本数较少的情况下，有过拟合的倾向。本小节将基于在输入输出成对出现的训练样本 $\{(\boldsymbol{x}_i, y_i)\}_{i=1}^{n}$ 里追加输入训练样本 $\{\boldsymbol{x}_i\}_{i=n+1}^{n+n'}$ 后进行半监督学习（第16章），介绍能够灵活利用输入训练样本 $\{\boldsymbol{x}_i\}_{i=n+1}^{n+n'}$ 进行学习的半监督局部Fisher判别分析法。

半监督局部Fisher判别分析，是把无监督的降维方法中的主成分分析法（13.2节）和局部Fisher判别分析法组合起来，灵活应用输入训练样本 $\{\boldsymbol{x}_i\}_{i=n+1}^{n+n'}$ 进行学习的一种方法。主成分分析的解，对应的是分散矩阵

$$\boldsymbol{S}^{(\mathrm{t})} = \sum_{i=1}^{n+n'} (\boldsymbol{x}_i - \boldsymbol{\mu}^{(\mathrm{t})})(\boldsymbol{x}_i - \boldsymbol{\mu}^{(\mathrm{t})})^{\top}, \quad \boldsymbol{\mu}^{(\mathrm{t})} = \frac{1}{n+n'} \sum_{i=1}^{n+n'} \boldsymbol{x}_i$$

的较大的特征值所对应的特征向量。式中，"t"是"total"（全部）的首字母，$\boldsymbol{\mu}^{(\mathrm{t})}$ 表示的是全部输入样本 $\{\boldsymbol{x}_i\}_{i=1}^{n+n'}$ 的平均值[①]。由于局部Fisher判别分析也是通过特征值问题进行求解的，因此半监督局部Fisher判别分析中将对这些特征值问题加以组合。具体而言，就是不采用局部分散矩阵，而是用下式的半监督分散矩阵。

$$\boldsymbol{S}^{(\mathrm{slw})} = (1-\beta)\boldsymbol{S}^{(\mathrm{lw})} + \beta\boldsymbol{S}^{(\mathrm{t})}, \quad \boldsymbol{S}^{(\mathrm{slb})} = (1-\beta)\boldsymbol{S}^{(\mathrm{lb})} + \beta\boldsymbol{I}$$

式中，$\boldsymbol{I}$ 是单位矩阵，$\beta \in [0,1]$ 是对只有输入的训练样本的依存度。"s"是"semi-supervised"（半监督）的首字母。

半监督局部Fisher判别分析的解 $\widehat{\boldsymbol{T}}$，可以使用与一般化特征值问题

$$\boldsymbol{S}^{(\mathrm{slb})}\boldsymbol{\xi} = \lambda\boldsymbol{S}^{(\mathrm{slw})}\boldsymbol{\xi}$$

的一般化特征值 $\lambda_1 \geqslant \cdots \geqslant \lambda_d \geqslant 0$ 和对应的一般化特征向量 $\boldsymbol{\xi}_1, \cdots, \boldsymbol{\xi}_d$，进行解析求解。

---

① 本节虽然假定对训练输入样本 $\{\boldsymbol{x}_i\}_{i=1}^{n}$ 进行了中心化，但是包含只有输入的训练样本 $\{\boldsymbol{x}_i\}_{i=n+1}^{n+n'}$ 的全部输入样本 $\{\boldsymbol{x}_i\}_{i=1}^{n+n'}$，其平均值并不一定为0。

$$\widehat{\boldsymbol{T}} = (\boldsymbol{\xi}_1, \cdots, \boldsymbol{\xi}_m)^\top$$

这个解在 $\beta = 0$ 的时候与局部 Fisher 判别分析的解一致，在 $\beta = 1$ 的时候与主成分分析的解一致。

17.2 充分降维

上一节中介绍了分类问题的监督降维算法。对于分类问题而言，基本思想是尽可能地使相同类别的样本更加靠近，不同类别的样本更加分离，但是这样的思想并不适用于回归问题。本节将介绍也适用于回归问题的监督降维算法——充分降维法。

充分降维，主要着眼于输入和输出的依赖关系。具体而言，就是在给定投影后的数据 $\boldsymbol{z} = \boldsymbol{T}\boldsymbol{x}$ 的时候，使原始的输入 $\boldsymbol{x}$ 和输出 $\boldsymbol{y}$ 条件独立，以此来确定投影矩阵 $\boldsymbol{T}$。

$$p(\boldsymbol{x}, \boldsymbol{y} \,|\, \boldsymbol{z}) = p(\boldsymbol{x} \,|\, \boldsymbol{z}) p(\boldsymbol{y} \,|\, \boldsymbol{z})$$

上式表示的是在给定 $\boldsymbol{z}$ 后，$\boldsymbol{x}$ 和 $\boldsymbol{y}$ 在统计上是相互独立的，$\boldsymbol{y}$ 中包含的所有信息在 $\boldsymbol{z}$ 中均可以找到。

这种条件独立性，是通过确定 $\boldsymbol{z} = \boldsymbol{T}\boldsymbol{x}$ 和 $\boldsymbol{y}$ 最相互依存时对应的矩阵 $\boldsymbol{T}$ 来实现的[13]。在本节将通过使用 14.4 节中引入的平方损失互信息，来确定下式为最大值时所对应的 $\boldsymbol{T}$，这个时候 $\boldsymbol{z}$ 和 $\boldsymbol{y}$ 的从属关系也将达到最大。

$$\frac{1}{2} \iint p(\boldsymbol{z}) p(\boldsymbol{y}) \left(\frac{p(\boldsymbol{z}, \boldsymbol{y})}{p(\boldsymbol{z}) p(\boldsymbol{y})} - 1 \right)^2 \mathrm{d}\boldsymbol{z} \mathrm{d}\boldsymbol{y}$$

采用 14.4 节中介绍的最小二乘互信息估计法来计算这里的平方损失互信息，可以得到

$$J(\boldsymbol{T}) = \frac{1}{2} \widehat{\boldsymbol{h}}^\top \left(\widehat{\boldsymbol{G}} + \lambda \boldsymbol{I} \right)^{-1} \widehat{\boldsymbol{h}} - \frac{1}{2}$$

上式中，

$$\widehat{G} = \frac{1}{n^2} \sum_{i:i'=1}^{n} \psi(z_i, y_{i'}) \psi(z_i, y_{i'})^{\top}, \quad \widehat{h} = \frac{1}{n} \sum_{i=1}^{n} \psi(z_i, y_i)$$

$\psi(z, y) \in \mathbb{R}^b$ 表示的是基函数。

与上式的规则 J 中的 T 中编号为 (j, j') 的元素 $T_{j,j'}$ 相关的微分为

$$\widehat{h}^{\top} \left(\widehat{G} + \lambda I \right)^{-1} \frac{\partial \widehat{h}}{\partial T_{j,j'}} - \frac{1}{2} \widehat{h}^{\top} \left(\widehat{G} + \lambda I \right)^{-1} \frac{\partial \widehat{G}}{\partial T_{j,j'}} \left(\widehat{G} + \lambda I \right)^{-1} \widehat{h}$$

使用这样的表示方式，通过梯度法就可求得 J 的局部最优解。

18 迁移学习

Chapter

从本章开始要介绍的学习算法与之前章节中介绍的学习算法是类似的，主要利用过去学习得到的经验、知识，来提高当前以及将来进行的学习任务的求解精度。像这样灵活应用其他学习任务的信息，使得当前学习任务的求解精度得以提高的方法称为迁移学习。本章将介绍利用转移的原始学习任务中的输入输出训练样本 $\{(\boldsymbol{x}_i, y_i)\}_{i=1}^n$，和转移目标学习任务中的输入训练样本 $\{\boldsymbol{x}'_{i'}\}_{i'=1}^{n'}$，对转移目标的输入输出关系进行学习的半监督迁移学习算法。

第 16 章介绍的半监督学习算法，假定输入输出训练样本 $\{(\boldsymbol{x}_i, y_i)\}_{i=1}^n$ 和输入训练样本 $\{\boldsymbol{x}'_{i'}\}_{i'=1}^{n'}$ 是从相同的学习任务中得来的，与此相对，迁移学习中则假定它们是从不同的学习任务中得来的。当然，如果原始的学习任务和转移目标的学习任务完全没有关系的话，所有的经验、知识都是无法转移的，因此在迁移学习中，两个学习任务必须是有关联的。本章将分别介绍基于协变量移位和类别平衡的两种迁移学习算法。

18.1 协变量移位下的迁移学习

在统计学里，输入变量称为协变量。协变量移位（Covariate Shift），是指输入输出关系不变，协变量的概率分布发生变化的情况[12]。图 18.1 表示的是回归问题中协变量移位的实例。在这个例子中，原始任务的输入训练样本 $\{\boldsymbol{x}_i\}_{i=1}^n$ 在左侧生成，当前学习任务的输入训练样本 $\{\boldsymbol{x}'_{i'}\}_{i'=1}^{n'}$ 在右侧生成。由于其对应于在当前输入输出样本的值域外部预测输出，因此也称为外插。

18.1.1　重要度加权学习

在图18.1所示的协变量移位的例子中，对一维的直线模型

$$f_{\boldsymbol{\theta}}(x) = \theta_1 + \theta_2 x$$

进行通常的最小二乘学习

$$\min_{\boldsymbol{\theta}} \frac{1}{2} \sum_{i=1}^{n} \Big(f_{\boldsymbol{\theta}}(\boldsymbol{x}_i) - y_i \Big)^2$$

的结果如图18.2(a)所示。从该结果中可知，得到的函数虽然与原始任务的输入输出训练样本 $\{(\boldsymbol{x}_i, y_i)\}_{i=1}^{n}$ 完全拟合，但是并不适用于对当前学习任务 $\{\boldsymbol{x}'_{i'}\}_{i'=1}^{n'}$ 的输出进行预测。

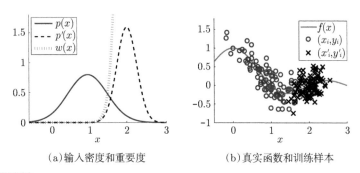

（a）输入密度和重要度　　　　　（b）真实函数和训练样本

图18.1　协变量移位的实例。虽然输入样本的概率分布变化了，但是输入输出关系并不变

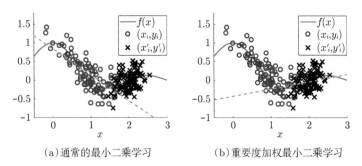

（a）通常的最小二乘学习　　　　　（b）重要度加权最小二乘学习

图18.2　协变量移位的学习实例。虚线表示的是学习结果的函数

像这样的协变量移位的情况下，如果只利用位于当前学习任务的输入训练样本 $\{\boldsymbol{x}'_{i'}\}_{i'=1}^{n'}$ 近傍的输入输出训练样本 $\{(\boldsymbol{x}_i, y_i)\}_{i=1}^{n}$ 进行学习的话，一般是可以很好地对 $\{\boldsymbol{x}'_{i'}\}_{i'=1}^{n'}$ 的输出进行预测的。这种直观的思路，可以通过使用输入输出训练样本的重要度权重进行学习来实现。重要度，是指当前学习任务的输入训练样本 $\{\boldsymbol{x}'_{i'}\}_{i'=1}^{n'}$ 的概率密度 $p'(\boldsymbol{x})$ 和原始学习任务的输入训练样本 $\{\boldsymbol{x}_i\}_{i=1}^{n}$ 的概率密度 $p(\boldsymbol{x})$ 的比。

$$w(\boldsymbol{x}) = \frac{p'(\boldsymbol{x})}{p(\boldsymbol{x})}$$

图 18.2(b) 表示的是重要度加权最小二乘学习

$$\min_{\boldsymbol{\theta}} \frac{1}{2} \sum_{i=1}^{n} w(\boldsymbol{x}_i) \Big(f_{\boldsymbol{\theta}}(\boldsymbol{x}_i) - y_i \Big)^2$$

的实例。通过引入重要度加权，$\{\boldsymbol{x}'_{i'}\}_{i'=1}^{n'}$ 的输出的预测精度得到了很大的提升。

重要度加权最小二乘学习，理论上可以认为是统计学中的重要性采样（Importance Sampling），可以据此来理解其算法的本质。重要性采样，是指利用与 $p(\boldsymbol{x})$ 相关的加权期望值来计算与 $p'(\boldsymbol{x})$ 相关的期望值的方法。

$$\int g(\boldsymbol{x}) p'(\boldsymbol{x}) \mathrm{d}\boldsymbol{x} = \int g(\boldsymbol{x}) \frac{p'(\boldsymbol{x})}{p(\boldsymbol{x})} p(\boldsymbol{x}) \mathrm{d}\boldsymbol{x} \approx \frac{1}{n} \sum_{i=1}^{n} g(\boldsymbol{x}_i) w(\boldsymbol{x}_i)$$

在上述例子中，重要度加权适用于最小二乘学习，但是从重要度加权的本质来看，对第 II 部分和第 III 部分中介绍的各种回归和分类问题也都是适用的。

18.1.2　相对重要度加权学习

如图 18.2(b) 所示，通过在协变量移位中使用重要度加权学习，使得学习精度得到了很大提升。

图18.2(a)表示的是重要度函数$w(\boldsymbol{x})$。在这个例子中，越往右重要度越大，在大量的输入输出训练样本$\{(\boldsymbol{x}_i, y_i)\}_{i=1}^n$中，只有右侧的若干个训练样本有较大的重要度，左侧的训练样本的重要度都是特别小的值，基本上可以忽略不计。因此，实际上是对右侧的仅有的几个训练样本进行了函数关系学习，这样其结果就很有可能是不太稳定的。

一般而言，当重要度函数$w(\boldsymbol{x})$的值非常大的时候，就特别容易引起这样的不稳定，因此如果能使得重要度函数稍许平滑，就可以使学习结果稳定下来。为此可以使用比重要度稍微钝一些的相对重要度

$$w_\beta(\boldsymbol{x}) = \frac{p'(\boldsymbol{x})}{\beta p'(\boldsymbol{x}) + (1-\beta)p(\boldsymbol{x})}$$

上式中，$\beta \in [0,1]$是调整相对重要度函数平滑性的调整参数，当$\beta = 0$的时候与原始的重要度$p'(\boldsymbol{x})/p(\boldsymbol{x})$相一致；当$\beta$变大的时候，相对重要度函数会变得较为平滑；当$\beta = 1$的时候，变为$w_\beta(x) = 1$（图18.3(b)）。根据重要度的非负性$p'(\boldsymbol{x})/p(\boldsymbol{x}) \geqslant 0$可知，相对重要度满足

$$w_\beta(\boldsymbol{x}) = \frac{1}{\beta + (1-\beta)\frac{p(\boldsymbol{x})}{p'(\boldsymbol{x})}} \leqslant \frac{1}{\beta}$$

即相对重要度为小于$1/\beta$的数值。

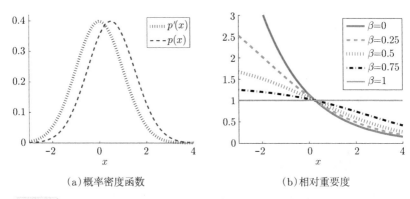

（a）概率密度函数　　　　　　　（b）相对重要度

图18.3　当$p'(\boldsymbol{x})$是期望为0方差为1的正态分布，$p(\boldsymbol{x})$是期望为0.5方差为1的正态分布时的相对重要度

18.1.3 重要度加权模型选择

在使用相对重要度的加权最小二乘学习中，找到合适的 β 值是至关重要的。另外，模型 $f_{\boldsymbol{\theta}}(\boldsymbol{x})$ 的选择和正则化参数的确定，也对最终的学习结果有较大的影响。

4.3节中介绍了交叉验证法这一模型选择方法。这种方法是对将来给定的测试输入样本的输出的学习精度进行预测的一种方法。但是，交叉验证法中假定了训练样本和测试样本有相同的概率分布。而在协变量移位中，即使对从别的学习任务中得到的输入输出训练样本 $\{(\boldsymbol{x}_i, y_i)\}_{i=1}^n$ 进行交叉验证，然后再对当前学习任务的输入样本 $\{\boldsymbol{x}'_{i'}\}_{i'=1}^{n'}$ 的输出进行学习精度的预测，也不能得到理想的预测结果。对于这种情况，通过使用重要度加权交叉验证法，即可进行理想的预测。图18.4表示的是重要度加权交叉验证法的算法流程。

❶ 把训练样本 $\mathcal{T} = \{(\boldsymbol{x}_i, y_i)\}_{i=1}^n$ 随机划分为 m 个集合 $\{\mathcal{T}_i\}_{i=1}^m$（大小要基本相同）。

❷ 对 $i=1,\cdots,m$ 循环执行如下操作。

  （a）使用除 $\mathcal{T}_i$ 以外的训练样本 $\mathcal{T} \backslash \mathcal{T}_i$，求解其学习结果 f_i。

  （b）把上述过程中没有参与学习的训练样本 $\mathcal{T}_i$ 作为测试样本，对 f_i 的泛化误差进行重要度加权评估。

$$\widehat{G}_i = \begin{cases} \dfrac{1}{|\mathcal{T}_i|} \displaystyle\sum_{(\boldsymbol{x},y) \in \mathcal{T}_i} w(\boldsymbol{x})\Big(f_i(\boldsymbol{x}) - y\Big)^2 & \text{（回归）} \\[4mm] \dfrac{1}{|\mathcal{T}_i|} \displaystyle\sum_{(\boldsymbol{x},y) \in \mathcal{T}_i} \dfrac{w(\boldsymbol{x})}{2}\Big(1 - \text{sign}(f_i(\boldsymbol{x})y)\Big) & \text{（分类）} \end{cases}$$

在这里，$|\mathcal{T}_i|$ 表示集合 $\mathcal{T}_i$ 包含的训练样本的个数。

❸ 对各个 i 的泛化误差的评估值 $\widehat{G}_i$ 进行平均，得到最终的泛化误差 $\widehat{G}$。

$$\widehat{G} = \frac{1}{m} \sum_{i=1}^m \widehat{G}_i$$

图18.4 重要度加权交叉验证法的算法流程

18.1.4　重要度加权估计

重要度加权学习和重要度加权交叉验证法，需要知道重要度和相对重要度的值。然而，当前学习任务的输入样本 $\{\boldsymbol{x}'_{i'}\}_{i'=1}^{n'}$ 的概率密度 $p'(\boldsymbol{x})$，以及其他学习任务的输入样本 $\{\boldsymbol{x}_i\}_{i=1}^{n}$ 的概率密度 $p(\boldsymbol{x})$，一般情况下都是未知的。如果对 $\{\boldsymbol{x}'_{i'}\}_{i'=1}^{n'}$ 和 $\{\boldsymbol{x}_i\}_{i=1}^{n}$ 各自的概率密度进行估计，再计算其比值的话，就可以得到重要度。但是，众所周知，精确地计算概率密度往往是比较困难的，如果采用先求得概率密度再通过其比值来推断重要度的方法，精度肯定是不高的。本节将介绍不计算概率密度而直接求得相对重要度的方法。

首先，把相对重要度函数 $w_\beta(\boldsymbol{x})$ 用下式的与参数相关的线性模型进行模型化。

$$w_{\boldsymbol{\alpha}}(\boldsymbol{x}) = \sum_{j=1}^{b} \alpha_j \psi_j(\boldsymbol{x}) = \boldsymbol{\alpha}^\top \boldsymbol{\psi}(\boldsymbol{x})$$

在这里，$\boldsymbol{\alpha} = (\alpha_1, \cdots, \alpha_b)^\top$ 为参数向量，$\boldsymbol{\psi}(\boldsymbol{x}) = (\psi_1(\boldsymbol{x}), \cdots, \psi_b(\boldsymbol{x}))^\top$ 为基函数向量。然后，对下式的 $J(\boldsymbol{\alpha})$ 为最小时所对应的参数 $\boldsymbol{\alpha}$ 进行最小二乘学习。

$$\begin{aligned}
J(\boldsymbol{\alpha}) &= \frac{1}{2} \int \Big(w_\alpha(\boldsymbol{x}) - w_\beta(\boldsymbol{x})\Big)^2 \Big(\beta p'(\boldsymbol{x}) + (1-\beta)p(\boldsymbol{x})\Big)\mathrm{d}\boldsymbol{x} \\
&= \frac{1}{2} \int \boldsymbol{\alpha}^\top \boldsymbol{\psi}(\boldsymbol{x})\boldsymbol{\psi}(\boldsymbol{x})^\top \boldsymbol{\alpha} \Big(\beta p'(\boldsymbol{x}) + (1-\beta)p(\boldsymbol{x})\Big)\mathrm{d}\boldsymbol{x} \\
&\quad - \int \boldsymbol{\alpha}^\top \boldsymbol{\psi}(\boldsymbol{x})p'(\boldsymbol{x})\mathrm{d}\boldsymbol{x} + C
\end{aligned}$$

上式中，第三项的 $C = \frac{1}{2}\int w_\beta(\boldsymbol{x})p'(\boldsymbol{x})\mathrm{d}\boldsymbol{x}$ 是与参数 $\boldsymbol{\alpha}$ 无关的常数，在计算中可以忽略不计。对第一项和第二项中包含的期望值进行样本平均近似，再加入 ℓ_2 正则化项，就可以得到下式的学习规则。

$$\min_{\boldsymbol{\alpha}} \left[\frac{1}{2}\boldsymbol{\alpha}^\top \widehat{\boldsymbol{G}}_\beta \boldsymbol{\alpha} - \boldsymbol{\alpha}^\top \widehat{\boldsymbol{h}} + \frac{\lambda}{2}\|\boldsymbol{\alpha}\|^2 \right]$$

其中，$\widehat{\boldsymbol{G}}_\beta$ 和 $\widehat{\boldsymbol{h}}$ 分别是由下式定义的 $b \times b$ 阶矩阵和 b 次维向量。

$$\widehat{\boldsymbol{G}}_\beta = \frac{\beta}{n'} \sum_{i'=1}^{n'} \boldsymbol{\psi}(\boldsymbol{x}'_{i'}) \boldsymbol{\psi}(\boldsymbol{x}'_{i'})^\top + \frac{1-\beta}{n} \sum_{i=1}^{n} \boldsymbol{\psi}(\boldsymbol{x}_i) \boldsymbol{\psi}(\boldsymbol{x}_i)^\top,$$

$$\widehat{\boldsymbol{h}} = \frac{1}{n'} \sum_{i'=1}^{n'} \boldsymbol{\psi}(\boldsymbol{x}'_{i'})$$

上述的学习规则是与 $\boldsymbol{\alpha}$ 相关的凸的二次式，对其求偏微分并使其值为 0，可以得到解析解 $\widehat{\boldsymbol{\alpha}}$。

$$\widehat{\boldsymbol{\alpha}} = \left(\widehat{\boldsymbol{G}} + \lambda \boldsymbol{I} \right)^{-1} \widehat{\boldsymbol{h}}$$

这种方法，称为最小二乘相对密度比估计法。正则化参数 λ 和基函数 ψ 中包含的相关参数，可以由与规则 J 相关的交叉验证法来确定。图 18.5 表示的是与高斯核模型相对应的最小二乘相对密度比估计法的实例。图18.6表示的是这个实例的 MATLAB 程序源代码。

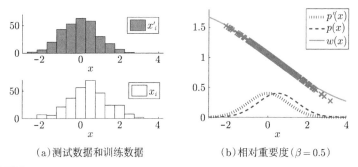

(a)测试数据和训练数据　　(b)相对重要度($\beta = 0.5$)

图18.5 与高斯核模型相对应的最小二乘相对密度比估计法的实例。右图中标记为 × 的数据是估计得到的关于 $\{x_i\}_{i=1}^{n}$ 的相对密度比的值

```
n=300; x=randn(n,1); y=randn(n,1)+0.5;
hhs=2*[1 5 10].^2; ls=10.^[-3 -2 -1]; m=5; b=0.5;
x2=x.^2; xx=repmat(x2,1,n)+repmat(x2',n,1)-2*x*x';
y2=y.^2; yx=repmat(y2,1,n)+repmat(x2',n,1)-2*y*x';
u=floor(m*[0:n-1]/n)+1; u=u(randperm(n));
v=floor(m*[0:n-1]/n)+1; v=v(randperm(n));

g=zeros(length(hhs),length(ls),m);
for hk=1:length(hhs)
  hh=hhs(hk); k=exp(-xx/hh); r=exp(-yx/hh);
  for i=1:m
    ki=k(u~=i,:); ri=r(v~=i,:); h=mean(ki)';
    kc=k(u==i,:); rj=r(v==i,:);
    G=b*ki'*ki/sum(u~=i)+(1-b)*ri'*ri/sum(v~=i);
    for lk=1:length(ls)
      l=ls(lk); a=(G+l*eye(n))\h; kca=kc*a;
      g(hk,lk,i)=b*mean(kca.^2)+(1-b)*mean((rj*a).^2);
      g(hk,lk,i)=g(hk,lk,i)/2-mean(kca);
end, end, end
[gl,ggl]=min(mean(g,3),[],2); [ghl,gghl]=min(gl);
L=ls(ggl(gghl)); HH=hhs(gghl);
k=exp(-xx/HH); r=exp(-yx/HH);
s=r*((b*k'*k/n+(1-b)*r'*r/n+L*eye(n))\(mean(k)'));

figure(1); clf; hold on; plot(y,s,'rx');
```

图18.6 与高斯核模型相对应的最小二乘相对密度比估计法的MATLAB程序源代码

18.2 类别平衡变化下的迁移学习

上一节介绍了输入样本的概率分布改变但是输入输出函数关系不变的协变量移位学习。本节介绍分类问题中类别平衡变化下的学习算法。类别平衡变化，是指各个类别的输入样本的概率分布不变，但是各个类别之间的样本数的平衡发生变化的情况。

18.2.1 类别平衡加权学习

在分类问题中，有时候各个类别的样本数的平衡在训练样本和测试样本中是不一致的。例如，训练一个使用脸部图像对性别进行预测的分类器的时候，如果训练样本来自于大学研究室的成员，则男性的数据就会相对多一些。但是，如果把这个训练得到的分类器运用在普通的社会场景中，因为男女比例基本上是一比一，因此训练时和测试时的男女数据平衡就不一致了（图18.7）。如果坚持使用这样的数据训练分类器，则基于上述不对称的训练样本，其结果就会偏重于男性，在最终测试时对性别的分类就会产生偏差（图18.8）。

图18.7 类别平衡变化的实例。在普通的社会场景中，男女比例基本上是一比一的，但是当训练样本来自于大学的研究室或公司的成员时，男性的比例就会相对大一些

在上述那样的训练时和测试时类别平衡不一致的情况下，为了使最终结果与测试样本的类别平衡相吻合，可以对训练样本进行加权学习，来纠正这个误差。具体而言，就是在训练时的类别 y 出现的概率为 $p(y)$，测试时的类别 y 出现的概率为 $p'(y)$ 的时候，对 $p'(y)/p(y)$ 的概率比进行加权学习。最小二乘学习的情况下，进行如下式的学习。

$$\min_{\boldsymbol{\theta}} \frac{1}{2} \sum_{i=1}^{n} \frac{p'(y_i)}{p(y_i)} \Big(f_{\boldsymbol{\theta}}(\boldsymbol{x}_i) - y_i \Big)^2$$

上述方法称为类别平衡加权最小二乘学习法。利用加权的方法来处理类别平衡的变化，对第Ⅲ部分中介绍的各种分类方法都是适用的。

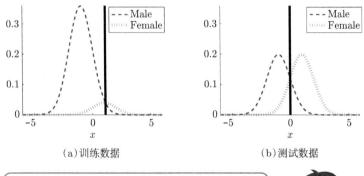

（a）训练数据　　　　　　　　　（b）测试数据

测试数据中包含的样本的男女性别比例较为均衡，最优分类面位于男女数据分布的正中间。另一方面，训练数据中包含的男性样本较多，最终的分类面向右侧偏离。

图18.8　根据类别平衡，粗的竖直线表示的最优分类面的位置发生了变化

18.2.2　测试类别平衡的半监督估计

n 个训练样本 $\{(\boldsymbol{x}_i, y_i)\}_{i=1}^{n}$ 中有 n_y 个属于类别 y 的时候，训练时类别 y 的出现概率 $p(y)$ 可以通过 n_y/n 进行计算。同样，如果给定有标签的测试样本，测试时的类别 y 的出现概率 $p'(y)$ 也可以计算出来。然而，大多数情况下有标签的测试样本的收集是相当困难的，在这种情况下，就不能直接利用类别平衡加权学习法。因此，本节从没有标签的测试输入样本 $\{\boldsymbol{x}'_{i'}\}_{i'=1}^{n'}$ 的半监督学习出发，介绍根据测试输入样本来计算测试时的类别 y 的出现概率 $p'(y)$ 的方法。下面为了简便起见，以类别标签为 $+1$ 或 -1 的二值分类问题为例进行说明。

$p'(y)$ 的计算，通过使测试输入的概率密度 $p'(\boldsymbol{x})$ 与各个类别 y 对应的训练输入 $\boldsymbol{x}$ 的概率密度 $p(\boldsymbol{x}\,|\,y)$ 的线性和 $q_\pi(\boldsymbol{x})$ 相吻合来进行（图18.9）。

$$q_\pi(\boldsymbol{x}) = \pi p(\boldsymbol{x}\,|\,y = +1) + (1 - \pi)p(\boldsymbol{x}\,|\,y = -1)$$

上式中的参数 π 的值为 $p'(y = +1)$，$1 - \pi$ 的值为 $p'(y = -1)$。

q_π 和 p' 的吻合性，可以使用 KL 距离来表示。

$$\mathrm{KL}(p' \, \| \, q_\pi) = \int p'(\boldsymbol{x}) \log \frac{p'(\boldsymbol{x})}{q_\pi(\boldsymbol{x})} \mathrm{d}\boldsymbol{x}$$

把从原始数据中计算得到的 $p(\boldsymbol{x} \,|\, y = +1)$，$p(\boldsymbol{x} \,|\, y = -1)$ 和 $p'(\boldsymbol{x})$ 的值分别代入上式，即可得到 KL 距离的估计值。但是这样的二段计算方式存在一个问题：因为其中包含了 $p'(\boldsymbol{x})$ 除以 $q_\pi(\boldsymbol{x})$ 的操作，所以如果分母 $q_\pi(\boldsymbol{x})$ 的估计值较小的话，$p'(\boldsymbol{x})$ 的估计误差就会变得很大。而通过使用 12.3 节介绍的 KL 散度密度比估计法，直接计算密度比 $p'(\boldsymbol{x})/q_\pi(\boldsymbol{x})$，则可以大幅提高最终结果的预测精度。

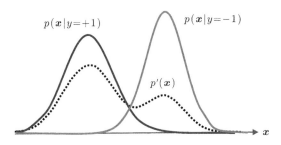

图 18.9 通过使测试输入的概率密度 $p'(\boldsymbol{x})$ 与各个类别对应的训练输入的概率密度 $p(\boldsymbol{x} \,|\, y)$ 的线性和相吻合，来计算测试时类别 y 出现的概率 $p'(y)$

然而，即使概率密度有微小的变化，密度比函数 $p'(\boldsymbol{x})/q_\pi(\boldsymbol{x})$ 的值也会有很大的变化。而且对数函数的非线性还会增强其敏感度。在第 12 章介绍的异常检测问题中，对概率密度的微小变化的较强敏感度是非常有用的，但是在类别平衡法中，由于需要估计概率分布的拟合状况，因此往往需要对异常值有较高的鲁棒性。

这里使用 L^2 距离来代替 KL 距离。

$$L^2(p', q_\pi) = \int \left(p'(\boldsymbol{x}) - q_\pi(\boldsymbol{x}) \right)^2 \mathrm{d}\boldsymbol{x}$$

与KL距离相同，把从原始数据中计算得到的$p(\boldsymbol{x}\,|\,y=+1)$、$p(\boldsymbol{x}\,|\,y=-1)$和$p'(\boldsymbol{x})$的值分别代入上式，即可得到$L^2$距离的估计值。但是，通过这样的二段计算方式，并不能精确地对L^2距离进行近似。在以下章节中，将介绍直接估计密度差函数$p'(\boldsymbol{x})-q_\pi(\boldsymbol{x})$的方法。

18.2.3 概率分布间的L^2距离的直接估计

首先来看使用从p和p'得到的样本$\{\boldsymbol{x}_i\}_{i=1}^n$和$\{\boldsymbol{x}'_{i'}\}_{i'=1}^{n'}$，对$p$和$p'$之间的$L^2$距离

$$L^2(p,p') = \int f(\boldsymbol{x})^2 \mathrm{d}\boldsymbol{x}, \quad f(\boldsymbol{x}) = p(\boldsymbol{x}) - p'(\boldsymbol{x}) \tag{18.1}$$

进行估计的问题。密度差函数f的估计，可以使用如下的高斯密度差模型g。

$$g(\boldsymbol{x}) = \sum_{j=1}^{n+n'} \alpha_j \exp\left(-\frac{\|\boldsymbol{x}-\boldsymbol{c}_j\|^2}{2\sigma^2}\right) \tag{18.2}$$

在这里，$(\boldsymbol{c}_1,\cdots,\boldsymbol{c}_n,\boldsymbol{c}_{n+1},\cdots,\boldsymbol{c}_{n+n'}) = (\boldsymbol{x}_1,\cdots,\boldsymbol{x}_n,\boldsymbol{x}'_1,\cdots,\boldsymbol{x}'_{n'})$表示的是高斯函数的中心。然后，对下式的$J(\boldsymbol{\alpha})$为最小时所对应的密度差模型的参数$\boldsymbol{\alpha} = (\alpha_1,\cdots,\alpha_{n+n'})^\top$进行最小二乘学习。

$$\begin{aligned}
J(\boldsymbol{\alpha}) &= \int \Big(g(\boldsymbol{x}) - f(\boldsymbol{x})\Big)^2 \mathrm{d}\boldsymbol{x} \\
&= \int g(\boldsymbol{x})^2 \mathrm{d}\boldsymbol{x} - 2\int g(\boldsymbol{x})f(\boldsymbol{x})\mathrm{d}\boldsymbol{x} + C
\end{aligned}$$

上式中，第三项的$C = \int f(\boldsymbol{x})^2\mathrm{d}\boldsymbol{x}$是与参数$\boldsymbol{\alpha}$无关的常数，在计算中可以忽略不计。对于式(18.2)的高斯密度差模型，其第一项可以按如下方式求得解析解。

$$\int g(\boldsymbol{x})^2 \mathrm{d}\boldsymbol{x} = \boldsymbol{\alpha}^\top \boldsymbol{U}\boldsymbol{\alpha}$$

这里的$\boldsymbol{U}$是第(j,j')个元素为

$$U_{j,j'} = \int \exp\left(-\frac{\|\boldsymbol{x}-\boldsymbol{c}_j\|^2}{2\sigma^2}\right)\exp\left(-\frac{\|\boldsymbol{x}-\boldsymbol{c}_{j'}\|^2}{2\sigma^2}\right)\mathrm{d}\boldsymbol{x}$$

$$= (\pi\sigma^2)^{d/2}\exp\left(-\frac{\|\boldsymbol{c}_j-\boldsymbol{c}_{j'}\|^2}{4\sigma^2}\right)$$

的 $(n+n')\times(n+n')$ 阶矩阵。对第二项中包含的期望值进行样本平均近似，再加上 ℓ_2 正则化项，就可以得到下式的学习规则。

$$\min_{\boldsymbol{\alpha}}\left[\boldsymbol{\alpha}^\top\boldsymbol{U}\boldsymbol{\alpha} - 2\boldsymbol{\alpha}^\top\widehat{\boldsymbol{v}} + \lambda\|\boldsymbol{\alpha}\|^2\right]$$

这里的 $\widehat{\boldsymbol{v}}$ 是第 j 个元素为

$$\widehat{v}_j = \frac{1}{n}\sum_{i=1}^n\exp\left(-\frac{\|\boldsymbol{x}_i-\boldsymbol{c}_j\|^2}{2\sigma^2}\right) - \frac{1}{n'}\sum_{i'=1}^{n'}\exp\left(-\frac{\|\boldsymbol{x}_{i'}'-\boldsymbol{c}_j\|^2}{2\sigma^2}\right)$$

的 $(n+n')$ 次维向量。上述的学习规则是与 $\boldsymbol{\alpha}$ 相关的凸的二次式，对其求偏微分并使其值为 0，就可以得到解析解 $\widehat{\boldsymbol{\alpha}}$。

$$\widehat{\boldsymbol{\alpha}} = (\boldsymbol{U}+\lambda\boldsymbol{I})^{-1}\widehat{\boldsymbol{v}}$$

这种方法，称为最小二乘密度差估计法。高斯核的带宽 σ 与正则化参数 λ，可以根据与规则 J 相关的交叉验证法来确定。

把 p 和 p' 之间的 L^2 距离 (18.1) 中包含的真实密度差函数 f 替换为密度差估计量，即可得到 L^2 距离的近似值 $\widehat{\boldsymbol{\alpha}}^\top\boldsymbol{U}\widehat{\boldsymbol{\alpha}}$。另一方面，对于 p 和 p' 之间的 L^2 距离的其他表现形式

$$L^2(p,p') = \int f(\boldsymbol{x})\Big(p(\boldsymbol{x})-p'(\boldsymbol{x})\Big)\mathrm{d}\boldsymbol{x}$$

如果用密度差估计量来替换真实密度差函数 f，并对期望值进行样本平均近似，就可以得到 L^2 距离的另一个近似值 $\widehat{\boldsymbol{v}}^\top\widehat{\boldsymbol{\alpha}}$。把这两个近似值线性结合在一起，

$$2\widehat{\boldsymbol{v}}^{\top}\widehat{\boldsymbol{\alpha}} - \widehat{\boldsymbol{\alpha}}^{\top}\boldsymbol{U}\widehat{\boldsymbol{\alpha}}$$

即可得到比各自的近似值偏差更小的结果，在实际应用中非常有用。

图18.10表示的是最小二乘密度差估计法的实例。图18.11表示的是这个实例的MATLAB程序源代码。

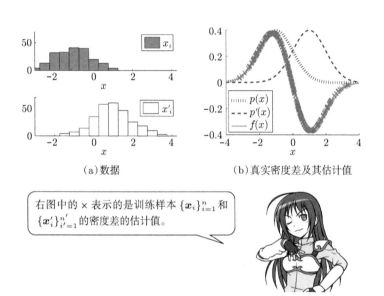

（a）数据　　　　　　　　　（b）真实密度差及其估计值

右图中的 × 表示的是训练样本 $\{\boldsymbol{x}_i\}_{i=1}^{n}$ 和 $\{\boldsymbol{x}_i'\}_{i'=1}^{n'}$ 的密度差的估计值。

图18.10　最小二乘密度差估计法的实例

```
n=200; x=randn(n,1); y=randn(n,1)+1;

hhs=2*[0.5 1 3].^2; ls=10.^[-2 -1 0]; m=5;
x2=x.^2; xx=repmat(x2,1,n)+repmat(x2',n,1)-2*x*x';
y2=y.^2; yx=repmat(y2,1,n)+repmat(x2',n,1)-2*y*x';
u=floor(m*[0:n-1]/n)+1; u=u(randperm(n));
v=floor(m*[0:n-1]/n)+1; v=v(randperm(n));

g=zeros(length( hhs),length(ls),m);
for hk=1:length(hhs)
  hh=hhs(hk); k=exp(-xx/hh); r=exp(-yx/hh);
  U=(pi*hh/2)^(1/2)*exp(-xx/(2*hh));
  for i=1:m
    vh=mean(k(u~=i,:))'-mean(r(v~=i,:))';
    z=mean(k(u==i,:))-mean(r(v==i,:));
    for lk=1:length(ls)
      l=ls(lk); a=(U+l*eye(n))\vh;
      g(hk,lk,i)=a'*U*a-2*z*a;
end, end, end
[gl,ggl]=min(mean(g,3),[],2); [ghl,gghl]=min(gl);
L=ls(ggl(gghl)); HH=hhs(gghl);
k=exp(-xx/HH); r=exp(-yx/HH); vh=mean(k)'-mean(r)';
U=(pi*HH/2)^(1/2)*exp(-xx/(2*HH));
a=(U+L*eye(n))\vh; s=[k;r]*a; L2=2*a'*vh-a'*U*a;

figure(1); clf; hold on; plot([x;y],s,'rx');
```

图18.11 最小二乘密度差估计法的MATLAB程序源代码

多任务学习

在对多个相似的学习任务进行学习的时候，共享各学习任务的信息并同时对其进行求解的方法，往往比对各个学习任务单独进行求解有更高的学习精度。本章将介绍在灵活应用多个学习任务之间的相似性的同时，对所有任务同时进行学习的多任务学习方法。第18章介绍的迁移学习的方法是把一个学习任务的信息单方面地提供给另一个学习任务使用，而多任务学习则是在多个学习任务之间实现信息的共享、转移的一种学习方法。

学习任务的序号用 $t=1,\cdots,T$ 来表示，假定在输入输出训练样本 $(\boldsymbol{x}_i,y_i)$ 中添加任务序号 t_i，有

$$\{(\boldsymbol{x}_i,y_i,t_i)\}_{i=1}^{n}, \quad t_i \in \{1,\cdots,T\}$$

19.1 使用最小二乘回归的多任务学习

本节介绍对 y_i 为实数值的回归问题，进行最小二乘学习的多任务学习方法。

对于序号为 t 的回归任务，使用与参数 $\boldsymbol{\theta}_t = (\theta_{t,1},\cdots,\theta_{t,b})^\top$ 相关的线性模型

$$\sum_{j=1}^{b} \theta_{t,j}\phi_j(\boldsymbol{x}) = \boldsymbol{\theta}_t^\top \boldsymbol{\phi}(\boldsymbol{x})$$

式中，基函数向量 $\boldsymbol{\phi}(\boldsymbol{x})$ 对所有的学习任务都相同（即与任务序号 t 无关）。在多任务学习里，添加约束条件使各个任务的参数 $\boldsymbol{\theta}_1,\cdots,\boldsymbol{\theta}_T$ 具有相似的值，在此基础上对所有的参数 $\boldsymbol{\theta} = (\boldsymbol{\theta}_1^\top,\cdots,\boldsymbol{\theta}_T^\top)^\top$ 同时进行学习。

这里使用 4.2 节中介绍的 ℓ_2 正则化最小二乘学习法，对下式的 $J(\boldsymbol{\theta})$ 为最小时所对应的参数 $\boldsymbol{\theta}$ 进行学习。

$$J(\boldsymbol{\theta}) = \frac{1}{2} \sum_{i=1}^{n} \left(\boldsymbol{\theta}_{t_i}^{\top} \boldsymbol{\phi}(\boldsymbol{x}_i) - y_i \right)^2 + \frac{1}{2} \sum_{t=1}^{T} \lambda_t \|\boldsymbol{\theta}_t\|^2 + \frac{1}{4} \sum_{t,t'=1}^{T} \gamma_{t,t'} \|\boldsymbol{\theta}_t - \boldsymbol{\theta}_{t'}\|^2$$

在这里，$\lambda_t \geqslant 0$ 是与序号为 t 的学习任务对应的 ℓ_2 正则化参数 0，$\gamma_{t,t'} \geqslant 0$ 是序号为 t 的学习任务和序号为 t' 的学习任务的相似度。对于所有的 $t, t' = 1, \cdots, T$，当 $\gamma_{t,t'} = 0$ 的时候，$J(\boldsymbol{\theta})$ 的第三项就没有了，这就对应于对 T 个学习任务分别进行 ℓ_2 正则化最小二乘学习。另一方面，如果 $\gamma_{t,t'} > 0$ 的话，$\boldsymbol{\theta}_t$ 和 $\boldsymbol{\theta}_{t'}$ 向着 ℓ_2 范数的方向进行学习，即可实现多个学习任务间的信息共享。

这里如果将 $\boldsymbol{\psi}_t(\boldsymbol{x})$ 和 $\boldsymbol{\Psi}$ 分别设定为

$$\boldsymbol{\psi}_t(\boldsymbol{x}) = \left(\mathbf{0}_{b(t-1)}^{\top}, \boldsymbol{\phi}(\boldsymbol{x})^{\top}, \mathbf{0}_{b(T-t)}^{\top} \right)^{\top} \in \mathbb{R}^{bT},$$
$$\boldsymbol{\Psi} = \left(\boldsymbol{\psi}_{t_1}(\boldsymbol{x}_1), \cdots, \boldsymbol{\psi}_{t_n}(\boldsymbol{x}_n) \right)^{\top} \in \mathbb{R}^{n \times bT}$$

则上述的学习规则 $J(\boldsymbol{\theta})$ 即可用下式表示。

$$J(\boldsymbol{\theta}) = \frac{1}{2} \|\boldsymbol{\Psi}\boldsymbol{\theta} - \boldsymbol{y}\|^2 + \frac{1}{2} \boldsymbol{\theta}^{\top} (C \otimes \boldsymbol{I}_b) \boldsymbol{\theta} \qquad (19.1)$$

上式中，C 是第 (t, t') 个元素为

$$C_{t,t'} = \begin{cases} \lambda_t + \sum_{t''=1}^{T} \gamma_{t,t''} - \gamma_{t,t} & (t = t') \\ -\gamma_{t,t'} & (t \neq t') \end{cases}$$

的 $T \times T$ 阶矩阵。$\otimes$ 表示的是克罗内克积。

$$\forall \boldsymbol{E} \in \mathbb{R}^{m \times n}, \forall \boldsymbol{F} \in \mathbb{R}^{p \times q}, \boldsymbol{E} \otimes \boldsymbol{F} = \begin{pmatrix} E_{1,1}\boldsymbol{F} & \cdots & E_{1,n}\boldsymbol{F} \\ \vdots & \ddots & \vdots \\ E_{m,1}\boldsymbol{F} & \cdots & E_{m,n}\boldsymbol{F} \end{pmatrix} \in \mathbb{R}^{mp \times nq}$$

学习规则 $J(\boldsymbol{\theta})$ 的最小解 $\widehat{\boldsymbol{\theta}}$，

$$\widehat{\boldsymbol{\theta}} = \left(\boldsymbol{\Psi}^{\top}\boldsymbol{\Psi} + C \otimes \boldsymbol{I}_b \right)^{-1} \boldsymbol{\Psi}^{\top}\boldsymbol{y}$$

可用上式求得其解析解。

矩阵 $\boldsymbol{\Psi}^\top \boldsymbol{\Psi} + \boldsymbol{C} \otimes \boldsymbol{I}_b$ 的维数大小为 $bT \times bT$，当学习任务数 T 较大的时候，求其逆矩阵较为困难。然而，如果充分利用矩阵 $\boldsymbol{\Psi}^\top \boldsymbol{\Psi}$ 的秩充其量为 n 这一约束条件的话，当 $n < bT$ 的时候即可进行高效的求解。实际上，序号为 t 的学习任务的解 $\widehat{\boldsymbol{\theta}}_t^\top \boldsymbol{\phi}(\boldsymbol{x})$ 可用下式表示。

$$\widehat{\boldsymbol{\theta}}_t^\top \boldsymbol{\phi}(\boldsymbol{x}) = \widehat{\boldsymbol{\theta}}^\top \boldsymbol{\psi}_t(\boldsymbol{x}) = \boldsymbol{y}^\top \boldsymbol{A}^{-1} \boldsymbol{b}_t \tag{19.2}$$

这里的 $\boldsymbol{A}$ 和 $\boldsymbol{b}_t$ 分别是由下式定义的 $n \times n$ 阶矩阵和 n 次维向量。

$$\begin{aligned}
A_{i,i'} &= \left[\boldsymbol{\Psi}(\boldsymbol{C}^{-1} \otimes \boldsymbol{I}_b)\boldsymbol{\Psi}^\top + \boldsymbol{I}_n\right]_{i,i'} \\
&= \left[\boldsymbol{C}^{-1}\right]_{t_i,t_{i'}} \boldsymbol{\phi}(\boldsymbol{x}_i)^\top \boldsymbol{\phi}(\boldsymbol{x}_{i'}) + \begin{cases} 1 & (i = i') \\ 0 & (i \neq i') \end{cases} \\
b_{t,i} &= \left[\boldsymbol{\Psi}(\boldsymbol{C}^{-1} \otimes \boldsymbol{I}_b)\boldsymbol{\psi}_t(\boldsymbol{x})\right]_i = \left[\boldsymbol{C}^{-1}\right]_{t,t_i} \boldsymbol{\phi}(\boldsymbol{x}_i)^\top \boldsymbol{\phi}(\boldsymbol{x})
\end{aligned}$$

其中，$[\boldsymbol{C}^{-1}]_{t,t'}$ 是 $\boldsymbol{C}^{-1}$ 的第 (t, t') 个元素。矩阵 $\boldsymbol{A}$ 的大小以及向量 $\boldsymbol{b}_t$ 的维数都与学习任务数 T 无关，因此，当学习任务数 T 较大的时候，相较于在 $n < bT$ 条件下的计算，通过式 (19.2) 能更加高效地进行求解。另外，由于 $\boldsymbol{A}^{-1}$ 与学习任务的序号 t 无关，因此只需对所有的学习任务计算一次即可。上式的推导，使用了求逆公式

$$\boldsymbol{\Psi}\left(\boldsymbol{\Psi}^\top \boldsymbol{\Psi} + \boldsymbol{C} \otimes \boldsymbol{I}_b\right)^{-1} = (\boldsymbol{\Psi}(\boldsymbol{C} \otimes \boldsymbol{I}_b)^{-1}\boldsymbol{\Psi}^\top + \boldsymbol{I}_n)^{-1}\boldsymbol{\Psi}(\boldsymbol{C} \otimes \boldsymbol{I}_b)^{-1}$$

和克罗内克积的求逆公式

$$(\boldsymbol{C} \otimes \boldsymbol{I}_b)^{-1} = \boldsymbol{C}^{-1} \otimes \boldsymbol{I}_b$$

上述多任务学习方法的前提是相似度 $\gamma_{t,t'}$ 是已知的，如果 $\gamma_{t,t'}$ 是未知的，可以利用图 19.1 所示的对解和任务相似度进行交叉推导的方法。

❶ 给任务相似度以适当的初值(例如 $\gamma_{t,t'} = \gamma > 0$, $\forall t, t'$)。

❷ 基于现在的 $\gamma_{t,t'}$, 对 θ 进行学习。

❸ 根据得到的 θ_t 和 $\theta_{t'}$ 的距离, 计算任务相似度 $\gamma_{t,t'}$ (例如 $\gamma_{t,t'} = \exp(-\|\theta_t - \theta_{t'}\|^2)$)。

❹ 直到解达到收敛精度为止, 重复上述❷、❸步的计算。

图19.1 如果 $\gamma_{t,t'}$ 是未知的, 可以对解和任务相似度进行交叉推导

19.2 使用最小二乘概率分类器的多任务学习

第7章中介绍的最小二乘学习法不仅适用于回归问题, 在分类问题中也有着广泛的应用, 因此, 19.1节中介绍的多任务最小二乘学习法对分类问题也是适用的。然而这里还存在一个问题, 即二乘损失函数并不一定适用于分类问题。本节将介绍使用最小二乘概率分类器(10.2节)的多任务分类法, 该方法既保留了最小二乘学习法的简便性, 又可以进行自然的分类。

最小二乘概率分类器, 对任务 $t \in \{1, \cdots, T\}$ 中类别 y 的后验概率 $p_t(y \mid \boldsymbol{x})$, 使用与参数 $\boldsymbol{\theta}_t^{(y)} = (\theta_{t,1}^{(y)}, \cdots, \theta_{t,b}^{(y)})^\top$ 相关的线性模型

$$\sum_{j=1}^{b} \theta_{t,j}^{(y)} \phi_j(\boldsymbol{x}) = \boldsymbol{\theta}_t^{(y)\top} \boldsymbol{\phi}(\boldsymbol{x})$$

进行学习。式中, 基函数向量 $\boldsymbol{\phi}(\boldsymbol{x})$ 对于所有的任务都是共通的。与19.1节中介绍的最小二乘学习相同, 通过添加约束条件使各个任务的参数 $\boldsymbol{\theta}_1^{(y)}, \cdots, \boldsymbol{\theta}_T^{(y)}$ 具有相似的值, 在此基础上对所有的参数 $\boldsymbol{\theta}^{(y)} = (\boldsymbol{\theta}_1^{(y)\top}, \cdots, \boldsymbol{\theta}_T^{(y)\top})^\top$ 同时进行学习, 就可以得到如下的学习规则。

$$J_y(\boldsymbol{\theta}^{(y)}) = \frac{1}{2} \sum_{i=1}^{n} \left(\boldsymbol{\theta}_{t_i}^{(y)\top} \boldsymbol{\phi}(\boldsymbol{x}_i) \right)^2 - \sum_{i:y_i=y} \boldsymbol{\theta}_{t_i}^{(y)\top} \boldsymbol{\phi}(\boldsymbol{x}_i)$$

$$+ \frac{1}{2} \sum_{t=1}^{T} \lambda_t \|\boldsymbol{\theta}_t^{(y)}\|^2 + \frac{1}{4} \sum_{t,t'=1}^{T} \gamma_{t,t'} \|\boldsymbol{\theta}_t^{(y)} - \boldsymbol{\theta}_{t'}^{(y)}\|^2$$

在这里，$\lambda_t \geqslant 0$是与序号为t的学习任务对应的ℓ_2正则化参数，$\gamma_{t,t'} \geqslant 0$是序号为$t$的学习任务和序号为$t'$的学习任务的相似度。利用19.1节中定义的矩阵$\boldsymbol{\Psi}$和$\boldsymbol{C}$，上述学习规则就可以变形为

$$J_y(\boldsymbol{\theta}^{(y)}) = \frac{1}{2}\boldsymbol{\theta}^{(y)\top}\boldsymbol{\Psi}^\top\boldsymbol{\Psi}\boldsymbol{\theta}^{(y)} - \boldsymbol{\theta}^{(y)\top}\boldsymbol{\Psi}^\top\boldsymbol{\pi}^{(y)} + \frac{1}{2}\boldsymbol{\theta}^{(y)\top}(\boldsymbol{C} \otimes \boldsymbol{I}_b)\boldsymbol{\theta}^{(y)}$$

式中，$\boldsymbol{\pi}^{(y)} = (\pi_1^{(y)}, \cdots, \pi_n^{(y)})^\top$为下式定义的$n$次维向量。

$$\boldsymbol{\pi}_i^{(y)} = \begin{cases} 1 & (y_i = y) \\ 0 & (y_i \neq y) \end{cases}$$

上述的学习规则是与$\boldsymbol{\theta}^{(y)}$相关的凸的二次式，对其求偏微分并使其值为0，就可以得到最小解$\widehat{\boldsymbol{\theta}}^{(y)}$。

$$\widehat{\boldsymbol{\theta}}^{(y)} = \left(\boldsymbol{\Psi}^\top\boldsymbol{\Psi} + \boldsymbol{C} \otimes \boldsymbol{I}_b\right)^{-1}\boldsymbol{\Psi}^\top\boldsymbol{\pi}^{(y)}$$

这个解与19.1节的最小二乘学习的解具有完全相同的形式，利用19.1节中介绍的求逆矩阵公式，可以进行高效的求解。

19.3 多次维输出函数的学习

本节将以训练样本为输入输出向量组

$$\{(\boldsymbol{x}_i, \boldsymbol{y}_i) \mid \boldsymbol{x}_i \in \mathbb{R}^d, \boldsymbol{y}_i = (y_i^{(1)}, \cdots, y_i^{(T)})^\top \in \mathbb{R}^T\}_{i=1}^n$$

的d次维输入T次维输出函数$\boldsymbol{f}(\boldsymbol{x}) = (f_1(\boldsymbol{x}), \cdots, f_T(\boldsymbol{x}))^\top$的监督学习问题为例进行说明。一般而言，在多任务学习中，各个任务的训练输入样本是不同的，但是在多次维输出函数的学习中，训练输入样本对所有的学习任务而言都是共通的(图19.2)。

分类问题中多次维输出函数的学习，也称为多标签学习。在多任务的分类问题中，输入模式$\boldsymbol{x}$只属于一个类别，具有排他性；与此相对，在多标签的分类问题中，输入模式$\boldsymbol{x}$可以同时属于多个类别。例如，在图像识别问题里，某一个图像可能同时属于人、车、建筑物等多个

类别；在声音识别问题里，某一个声音可能同时属于会话、噪音、背景音乐等多个类别（图19.3）。

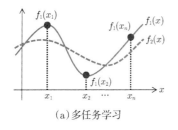

(a) 多任务学习

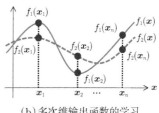

(b) 多次维输出函数的学习

> 与多任务学习中各个任务的训练输入样本均不同相对应，在多次维输出函数的学习中，训练输入样本对所有的任务都是共通的。虽然多次维输出函数的学习可以作为多任务学习的特殊情况来处理，但是由于训练数据的数量和任务数是呈比例的，在任务数较多的时候，求解就比较困难。

图19.2 多任务学习和多次维输出函数的学习

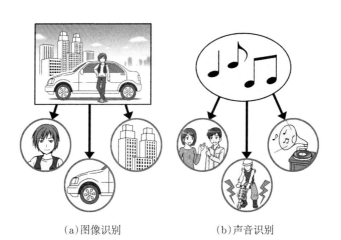

(a) 图像识别　　　　　　(b) 声音识别

图19.3 多标签学习的实例

19.3.1　多任务学习的多次维输出函数学习

如果把T次维的输出$\boldsymbol{f}(\boldsymbol{x})$按各个维度分开的话，即可适用于通常的一维输出的回归或分类问题。然而，例如人和狗经常会出现在同一图像中，对于多个输出之间有关联性的情况，如果能对多次维输出同时进行学习，则可以得到更高精度的学习结果。

多次维输出函数学习，通过把相似的函数看作是相似的任务，可以用如同多任务学习那样的方法进行处理。然而，如图19.2所示，将多次维输出函数学习作为多任务学习进行处理的话，训练样本数为nT，会随着任务数T增加。在这种情况下，即使使用19.1节中所示的求逆公式，计算时间也不会显著减少。因此，接下来介绍计算效率更高的解析方法，以及数值求解法。

19.3.2　利用西尔维斯特矩阵（Sylvester Matrix）的解析方法

应用19.1节中介绍的多任务最小二乘学习法对T次维的输出函数学习进行处理的话，解$\boldsymbol{\theta} = (\boldsymbol{\theta}_1^\top, \cdots, \boldsymbol{\theta}_T^\top)^\top \in \mathbb{R}^{bT}$满足

$$(\boldsymbol{\Psi}^\top \boldsymbol{\Psi} + \boldsymbol{C} \otimes \boldsymbol{I}_b)\boldsymbol{\theta} = \boldsymbol{\Psi}^\top \boldsymbol{y} \tag{19.3}$$

式中，

$$\boldsymbol{y} = (\boldsymbol{y}_1^\top, \cdots, \boldsymbol{y}_n^\top)^\top \in \mathbb{R}^{Tn}$$

在这里，用参数矩阵$\boldsymbol{\Theta}$来替换参数向量$\boldsymbol{\theta}$，

$$\boldsymbol{\Theta} = (\boldsymbol{\theta}_1, \cdots, \boldsymbol{\theta}_T) \in \mathbb{R}^{b \times T}$$

用训练输出矩阵$\boldsymbol{Y}$来替换训练输出向量$\boldsymbol{y}$，

$$\boldsymbol{Y} = (\boldsymbol{y}_1, \cdots, \boldsymbol{y}_n) \in \mathbb{R}^{T \times n}$$

则式（19.3）可以变为如下形式。

$$\boldsymbol{\Phi}^\top \boldsymbol{\Phi}\boldsymbol{\Theta} + \boldsymbol{\Theta}\boldsymbol{C} = \boldsymbol{\Phi}^\top \boldsymbol{Y} \qquad (19.4)$$

式中，

$$\boldsymbol{\Phi} = (\boldsymbol{\phi}(\boldsymbol{x}_1), \cdots, \boldsymbol{\phi}(\boldsymbol{x}_n))^\top \in \mathbb{R}^{n \times b}$$

这就是西尔维斯特矩阵的形式，可以进行更加高效的求解。例如，使用 $\boldsymbol{\Phi}^\top \boldsymbol{\Phi} \in \mathbb{R}^{b \times b}$ 的特征值 $u_1, \cdots, u_b$ 和特征向量 $\boldsymbol{u}_1, \cdots, \boldsymbol{u}_b$，以及 $\boldsymbol{C} \in \mathbb{R}^{T \times T}$ 的特征值 $v_1, \cdots, v_T$ 和特征向量 $\boldsymbol{v}_1, \cdots, \boldsymbol{v}_T$ 的话，式 (19.4) 的解 $\widehat{\boldsymbol{\Theta}}$ 就可以用下式进行解析求解。

$$\widehat{\boldsymbol{\Theta}} = (\boldsymbol{u}_1, \cdots, \boldsymbol{u}_b)\boldsymbol{Q}(\boldsymbol{v}_1, \cdots, \boldsymbol{v}_T)^\top$$

这里的 $\boldsymbol{Q}$ 为第 (j, t) 个元素为

$$Q_{j,t} = \frac{\boldsymbol{u}_j^\top \boldsymbol{\Phi}^\top \boldsymbol{Y} \boldsymbol{v}_t}{u_j + v_t}$$

的 $b \times T$ 阶矩阵。

19.3.3 使用梯度法的数值求解方法

式 (19.3) 中包含的 $\boldsymbol{\Psi}$ 矩阵由下式定义。

$$\boldsymbol{\Psi} = (\boldsymbol{\psi}_{t_1}(\boldsymbol{x}_1), \cdots, \boldsymbol{\psi}_{t_n}(\boldsymbol{x}_n))^\top \in \mathbb{R}^{n \times bT}$$

$$\boldsymbol{\psi}_t(\boldsymbol{x}) = \left(\mathbf{0}_{b(t-1)}^\top, \boldsymbol{\phi}(\boldsymbol{x})^\top, \mathbf{0}_{b(T-t)}^\top \right)^\top \in \mathbb{R}^{bT}$$

式 (19.3) 的方程式可以变为如下形式。

$$\boldsymbol{G}\boldsymbol{\theta} = \boldsymbol{h} \qquad (19.5)$$

式中，

$$\boldsymbol{G} = \boldsymbol{I}_T \otimes (\boldsymbol{\Phi}^\top \boldsymbol{\Phi}) + \boldsymbol{C} \otimes \boldsymbol{I}_b \in \mathbb{R}^{bT \times bT}$$

$$\boldsymbol{h} = ((\boldsymbol{\Phi}^\top \boldsymbol{y}^{(1)})^\top, \cdots, (\boldsymbol{\Phi}^\top \boldsymbol{y}^{(T)})^\top)^\top \in \mathbb{R}^{bT}$$

$$\boldsymbol{y}^{(t)} = \boldsymbol{y}^{(t)} = (y_1^{(t)}, \cdots, y_n^{(t)})^\top$$

另外，$y_i^{(t)}$ 为序号为 i 的训练输出向量 $\boldsymbol{y}_i$ 的第 t 个元素。

矩阵 $\boldsymbol{G}$ 的大小为 $bT \times bT$，因此当任务数 T 为较大数值的时候，对方程 (19.5) 进行解析求解是很困难的。然而，利用矩阵 $\boldsymbol{G}$ 的克罗内克积的话，矩阵 $\boldsymbol{G}$ 和向量 $\boldsymbol{\theta}$ 的积就可以用下式表示。

$$
\boldsymbol{G\theta} = \begin{pmatrix} \boldsymbol{\Phi}^\top \boldsymbol{\Phi} \boldsymbol{\theta}_1 + \sum_{t=1}^{T} C_{1,t} \boldsymbol{\theta}_t \\ \vdots \\ \boldsymbol{\Phi}^\top \boldsymbol{\Phi} \boldsymbol{\theta}_T + \sum_{t=1}^{T} C_{T,t} \boldsymbol{\theta}_t \end{pmatrix}
$$

通过使用这样的表现形式，式 (19.5) 的方程即可应用共轭梯度法等方法进行高效的求解。

第 **VI** 部分 **结 语**

总结与展望

从机器学习的最基础的算法到新发展起来的各种新兴算法，以及利用最小二乘法或梯度法等简单算法进行机器学习的实例，本书都做了详细介绍。

回顾本书介绍过的各种监督学习算法，可以发现几乎所有的算法都可以看作是

对训练样本的适应性＋对学习结果的限制的合理性

这一规则的最优化。作为衡量对训练样本的适应性的尺度，介绍了Huber损失、Hinge损失、Ramp损失、指数损失等算法。这些损失，应该根据回归、分类等学习问题的种类，以及是否包含较多的异常值等情况，进行合理选择。对学习结果的限制方面，介绍了二乘约束、绝对值约束、拉普拉斯约束、多任务约束等算法。通过运用这些约束方法，可以得到很多高附加值的机器学习结果，比如有效防止过拟合、使解稀疏化、灵活应用无标签数据、灵活应用其他学习任务的信息等。

近些年来，随着互联网或多重传感器技术的应用，使得大量获取多种数据成为了可能，大数据已经成为可以创造更多附加值的新兴技术领域(图20.1)。然而，在大多数情况下，输出数据都需要人工参与，这就导致只有有限的数据能够直接用来进行监督学习。因此，在输入输出数据的基础上灵活应用只输入数据的半监督学习，以及灵活应用其他学习任务信息的迁移学习和多任务学习等第V部分中介绍的各种新兴算法，成为了目前机器学习研究的热门领域。各种机器学习算法能够灵活应用输入输出数据以外的有限的信息，今后在实用性上肯定会有大作为。另外，对于大量输入数据给予廉价、简易的输出数据的

方法也是现在的一个研究热点。例如，使用学习得到的回归器或分类器只对输入数据自动计算输出的自主学习，充分利用互联网将输出数据的给定工作分配给不特定多数人的群众外包方法，近年来也受到了越来越多的关注。

图20.1 大数据。近些年来，随着互联网或多重传感器技术的应用，使得大量获取多种数据成为了可能

在第Ⅳ部分中，介绍了异常检测、降维、聚类等无监督学习方法。这些无监督学习算法不仅可以单独用来从数据中获得相应知识，还可以作为有监督学习算法的前处理方法，使得最终的学习精度得以提升。实际上已经有研究指出，对于2.3节中介绍的人工神经网络，利用无监督学习方法首先进行事先学习，可以使得后续监督学习的最终精度得以大幅提升[6]。在大数据时代，这些无监督学习算法的重要性会日益提高。

本书中同时也列举了很多使用最小二乘法或梯度法等进行机器学习的简单实例。这些算法对中小规模的数据有很好的学习效果，但是对于稍大规模的数据，则需要花费大量的计算、处理时间。因此，如何基于高度最优化理论开发出计算效率高的机器学习算法，是大数据时代迫切需要解决的问题。除了第15章中介绍的在线学习和使用多个计算机进行并行处理的学习算法，在数据获取保存的模型、计算机或互联网的硬件系统设计等各个方面，有待进行的研究还有很多很多。

另外，从互联网或公共场所设置的多种多样的传感器中获取的数据，有时会包含个人的脸部数据或行动轨迹等信息。像这样，如何在保护个人隐私的前提下使得机器学习真正服务于现代社会、提高大众的生活品质，也是机器学习研究领域的一个重要课题。

参考文献

[1] 赤穂昭太郎. カーネル多変量解析―非線形データ解析の新しい展開. 岩波書店, 2008.

[2] 赤池弘次, 甘利俊一, 北川源四郎, 樺島祥介, 下平英寿. 赤池情報量規準AIC―モデリング・予測・知識発見. 共立出版, 2007.

[3] 麻生英樹, 津田宏治, 村田昇. パターン認識と学習の統計学―新しい概念と手法. 岩波書店, 2003.

[4] 古井貞熙. 人と対話するコンピュータを創っています―音声認識の最前線. 角川学芸出版, 2009.

[5] 八谷大岳, 杉山将. 強くなるロボティック・ゲームプレイヤーの作り方―実践で学ぶ強化学習. 毎日コミュニケーションズ, 2008.

[6] G. E. HintonandR. R. Salakhutdinov, Reducing the dimensionality of data with neural networks.Science, Vol. 313, No. 5786, pp. 504–507, 2006.

[7] 金森敬文, 畑埜晃平, 渡辺治. ブースティング―学習アルゴリズムの設計技法. 森北出版, 2006.

[8] 鹿島久嗣. カーネル法による構造データマイニング. 情報処理, Vol.46, No.1, pp. 27–33, 2005.

[9] 川人光男. 脳の計算理論. 産業図書, 1996.

[10] Christopher M. Bishop. Pattern Recognition And Machine Learning. Springer-Verlag New York Inc., 2006.

[11] 杉山将. 統計的機械学習―生成モデルに基づくパターン認識. オーム社, 2009.

[12] M. Sugiyama and M.Kawanabe. Machine Learning in Non-Stationary Environments: Introduction to Covariate Shift Adaptation. The MIT Press, 2012.

[13] M. Sugiyama, T. Suzuki, and T. Kanamori. DensityRatioEstimationinMachine Learning. Cambridge University Press, 2012.

[14] 冨岡亮太, 鈴木大慈, 杉山将. スパース正則化およびマルチカーネル学

習のための最適化アルゴリズムと画像認識への応用. 画像ラボ, Vol.21, No.4, pp.5–11, 2010.

[15] 瓦普尼克(著), 张学工(译). 统计学习理论的本质. 清华大学出版社, 2000.

[16] 渡辺澄夫. 代数幾何と学習理論. 森北出版, 2006.